做个有福人

—— 从心开始 让好运不请自来

秦东魁 著

团结出版社

图书在版编目（CIP）数据

做个有福人/秦东魁著．-- 北京：团结出版社，2017.9（2023.4重印）

ISBN 978-7-5126-5561-4

Ⅰ．①做… Ⅱ．①秦… Ⅲ．①幸福－通俗读物 Ⅳ．B82-49

中国版本图书馆 CIP 数据核字 (2017) 第 221931 号

出　版：团结出版社
　　　　（北京市东城区东皇城根南街 84 号　邮编：100006）
电　话：（010）65228880　65244790（出版社）
　　　　（010）65238766　85113874　65133603（发行部）
　　　　（010）65133603（邮购）
网　址：http://www.tjpress.com
E-mail：zb65244790@vip.163.com
　　　　tjcbsfxb@163.com（发行部邮购）
经　销：全国新华书店
印　装：三河腾飞印务有限公司

开　本：170mm×240mm　16 开
印　张：15.5
字　数：127 千字
版　次：2017 年 9 月　第 1 版
印　次：2023 年 4 月　第 4 次印刷

书　号：978-7-5126-5561-4
定　价：39.50 元
　　　　（版权所属，盗版必究）

> 做个有福人
>
> 唐天标
>
> 二〇一〇年十月十七日

唐天标上将为本书题写书名

代序 / 传古代圣贤智慧，为今人幸福引路

我们作为在大学从教近 40 年的教育工作者，在读完秦东魁老师的新著《做个有福人》之后，不约而同地发出感慨：这是一部所见不多、值得一读的好书！

一直以来，我们都在思考和探索如何让我们的学生都能成为德才兼备的人才，如家长和学生所期望的那样，通过学校的培养能改变学生的命运，将来对国家对社会作出贡献，自己能过得更加美好幸福。诚然，办大学，上大学，对人才培养，对改变命运，对社会的发展和进步，确有其不可替代的特定意义和作用。读了秦东魁老师这本书，让我们看到了改变人生命运，达到幸福境界的新颖路径：从心开始。遵循圣贤智慧之道，真学实干，则"好运不请自来"。这是一条人人适用、行之有效的可取路径。

"幸福人生"，可以说人人都在向往与追求。但"幸福人生"这个课题确实太大、太深。仅从"幸福人生"字面上看，何谓"幸福"？"幸福人生"的标准是什么？如何达到"幸福人生"？都不是容易说得清楚的。往深处想，它几乎涉及人与人生、人与人、人与社会、人与

自然等各方面的理论与实践问题。正因为如此，自人类进入文明时代以来，就一直在不断地对"人"与"幸福人生"及其相关问题进行不懈探问与求解。在探问与求解过程中，既产生了许多思想巨匠与哲学名家，还创生了诸多宗教流派。从苏格拉底、柏拉图、亚里士多德到亚当·斯密，从孔孟、老庄、王阳明到王船山，《圣经》、《佛经》、《古兰经》等等，其思想内涵，学说原理，无不深入触及幸福人生这一课题。

西方的亚当·斯密（苏格兰籍，1723—1790，古典经济学创始人），可以说是西方思想学术名家中探讨幸福人生的典范。他一生写了两本书：《道德情操论》和《国富论》。在《道德情操论》中，亚当认为所谓真正的幸福可以分为两个部分：第一部分是身体上的舒畅，比如食物、衣服、住所等，能满足需要，并尽可能好一些，但他认为真正的幸福是不会随着物质消费的增多而增多的；第二部分是灵魂上的安宁，亚当认为这显然是更重要的部分，在他看来，这种类型的幸福是与人们美好的品德密切相关的，智慧和美德才是幸福的前提。亚当在思考实现幸福的条件时设想：如果一个人不会用尽所有的方法来为他的同胞促进整个社会的福利，那么他显然就不是一个好的公民。于是，他又写了《国富论》。在《国富论》中，亚当倡导建立这样一个体系，在这种体系下人们可以运用自己的所有资源来促进自己的利益最大化，也为社会创造更多的财富。但他强调一个条件，就是不会对其他人造成伤害。正是在这一思想指导下，亚当创立了以市场的自由竞争为核心的经济学，成为经济学的开山鼻祖。

中国明代大思想家、哲学家王阳明的"心学"堪称东方智慧人生的典范。王阳明（王守仁，1479—1529，明代大儒），学界公认为中国历史上的立德、立功、立言三不朽的圣人。其传世经典《传习录》，可谓集儒、释、道三家之大成，由三家融会贯通而独创的阳明心学，为500年来中国乃至日本等国家精英阶层所推崇，成为他们共同的心灵导师，引领了一批走出精彩人生，成就一番事业的中外名人：曾国藩、梁启超、伊藤博文、稻盛和夫等等，都是推崇阳明心学并诚心践行的典范。曾国藩研习阳明心学，用以齐家治国，成为誉称"再造乾坤"的历史名人；稻盛和夫将阳明心学应用于现代企业管理，缔造了两家"世界500强"企业，成为日本"经营之圣"。

做上面这些陈述，目的是想说明，关于"幸福人生"的探讨，是一个既古老又现实，既深奥难解又不得不解的重大课题。在物质文明高度发达的今天，人们却日渐荒芜了自己的精神生活，难得心灵上的安宁；很多人都在竭尽全力甚至是不择手段地聚敛物质财富，却不知道为什么时常感到迷惘、纠结、郁闷甚至痛苦，并未感受到真正的幸福；不少人得到了三生用不完的钱财，却最终走上不归之路。读了秦东魁老师的新著《做个有福人》之后，我们深感上述诸多疑惑变得清晰了许多。

关于本书的出版意图和阅读内容要点，编者在《关于本书》中作了很好的说明，这里我们想说的是，从本书中看到的两大突出的特点：

第一，书中所讲的内容都是古圣先贤智慧的运用和发挥，秦老师圣贤经典揭示的"宇宙人生的真相"用直白的话语展示在你面前，由他表述出来，事事深蕴古训，例例恰到好处。如此弘扬与传承古圣先贤智慧的方式与途径，真实反映了作者对圣贤智慧运用发挥的过人能力。正如中共中央党校资深教授任登第为秦东魁老师的另一本书《你是自己命运的设计师》（2015增补本）所撰写的长序中所言："这部书实实在在是一本名副其实的圣贤书"。这一评价同样适用本书。

第二，书中所举事例都是他自己和身边或接触过的人的故事或是大家喜闻乐见、耳熟能详的民间习俗或典故，非常具体，非常实在，让所有观众或读者都感觉可知、可信、可用、可行，从而产生共鸣和认同。让你对为什么要这样、不要怎样的道理明明白白；可信，贴近生活，紧密联系实际，让你感觉确实是那么回事；可用，让你感觉确实与自己相关，对自己有参照价值；可行，让你感觉只要用真心，就确实可以做得到，就会有效果。一部书能让读者读后有如此感觉和收获，实属不易。

秦东魁老师只读过三年小学，作为八零后的青年，在物欲盛行、人心浮躁的社会环境下，靠刻苦自学与实践修炼，对中国传统文化，对古代圣贤智慧，能有如此深入的认知与把握，并为其传播与弘扬尽心尽力，得到社会上如此广泛的关注与点赞，可谓是当今青年"三十而立"的标杆。

八零后一代人，是未来中国担当的直接接任者，也有了审视与关注社会的能力。故而面对时弊，回首传统，重温古训，正是当今社会背景的必然产物，秦东魁老师即是敏感的有志青年的典型代表。

在本书重印之际，我们谈谈阅读的感受与体悟，一是与本书的读者作心灵的交流，互相启迪；二是期望本书能有更广更深的社会反响，让更多的读者受益。

秦东魁老师已在"传古代圣贤智慧，为今人幸福引路"上作出了颇有成效的初创，我们热切祝愿他在三十而立基础上,为这一具有历史性、时代性的课题作出更好、更多的贡献,取得更大的成就。

凌球　凌均卫

2015 年 10 月

凌球,南华大学教授,博士生导师,曾任原中南工学院院长,南华大学首任校长。

凌均卫,南华大学教授,曾任学校党委办公室主任、图书馆馆长、高等教育研究所所长。退休后潜心研习国学经典,已发表《"道"与"行大道"之现实解读》等文章。

目 录

关于本书

第一讲 开启幸福之门 // 001

幸福，从改变自己开始 // 004

做"五好"，得五福 // 005

适可而止，远离厄运 // 010

细说企业家 // 018

第二讲 什么是真正的幸福人生 // 029

莫在幸福路上南辕北辙 // 030

衡量幸福的标尺 // 036

孝道乃万福之始 // 038

见人之优，学人之长 // 056

人人为我，我为人人 // 058

第三讲　家庭和睦是一切幸福的源泉 // 065

夫妻相处只需感动，不需教育 // 067

搞好婆媳关系的秘诀 // 071

做顶天立地好男人 // 075

好女人撑起半边天 // 090

女子"三从四德"，不是约束是爱护 // 101

从自身做起，福在眼前 // 111

第四讲　内外兼修，五福临门路路畅通 // 115

"内五福"，求神不如求老婆 // 116

把"家五福"运用到企业 // 122

"外五福"，孝字当头四平八稳 // 129

恩爱夫妻一条命，莫破天作之合 // 138

第五讲　改造命运，心想事成 // 145

"孝、笑、效"，做自己命运的设计师 // 146

提升自身德行，学圣学贤 // 150

不要破坏孩子的天性五福 // 154

"忙、盲、茫"，挣钱再多都是"五贼"所有 // 157

见贤思齐，传递幸福 // 160

常为他人着想，心想事成 // 163

大道至简，重在落实 // 165

第六讲　知行合一，五福临身 // 171

布施微笑——喜神临身 // 174

耳听圣贤——福神临身 // 180

善言善语——财神临身 // 187

行为端正——贵神临身 // 191

心存感恩——寿神临身 // 196

附录　问答部分 // 205

如何教育引导孩子 // 206

夫妻相处之道 // 214

如何处理内心的矛盾 // 217

如何提升智慧 // 220

如何保持健康，远离疾病 // 221

关于祭祖 // 222

如何孝亲 // 225

如何引入传统文化办学 // 227

关于本书

秦东魁老师出生在陕西省眉县北宋大儒张载夫子的故里，被称为代表陕西现代文化的活名片，是个颇具传奇色彩的八零后。他自称小学三年级没有毕业，没有文化，然而在人们心中，他虽然没有文凭学历，却是个真正有文化的人。秦东魁老师自学习传统文化后，只用了半年的时间就改变了自己的命运，成为了一位有福之人。如今，他家庭和睦、事业顺遂、人脉广博，身心愉悦，并乐善好施。为帮助更多的人走上幸福之路，他曾多次受邀参加传统文化公益论坛，讲述自己的幸福经验，并从中华传统文化中提炼出圆融简便的方法，为人们解决现实生活中的种种困难提供借鉴。其演讲，幽默风趣，活泼自然，说理深刻，更切实可行，广受大众喜爱。

本书内容编辑整理自秦东魁老师于2014年4月12日、13日在云南昆明的演讲资料，共分为六讲，最后附有秦老师课堂答疑解惑的部分内容。因为当时演讲的对象大部分是企业家，故而秦老师因材施教，专门对企业家们的幸福，做了诸多针对性的讲解。然而，细细研究其核心和精华，编者们发现，秦老师这次关于幸福人生的授课内容，也一样适用于普通大众，任何人读之，都会受益良多。而且，秦老师在这次授课中意义更进一步，境界更深一层。每个人都在追求幸福的人生，但与其汲汲于追求幸福，不如自己做个有福气的人，让生活中不再出现各种不如意之事，让好运不请自来。这也是本书出版的原因。

那么怎样才能成为有福之人呢？如何达到人人向往的"五福"（长寿、富贵、康宁、好德、善终）境界呢？在本书中，秦东魁老师给予了大家简便却切实可行的方法。

秦老师首先提出，一个人的价值观念、品德修养决定了人一生的命运。中华五千年文明绵延不衰，古圣先贤早已给后代子孙总结了修德养生、安身立命乃至治国安邦的方法。这些宝贵的经验和智慧，是亘古不变的真理，并值得代代相传。今天，想要自身充满福气，依然要学习圣贤文化，学习感恩、守义、律己、无私、行善、忠孝等品德教育。这才是福之源、福之基。

其次，结合现实生活，秦老师重点指出了修德培福的具体方法。他指出，不论是企业家、政府官员，还是普通百姓，都应该做到以下几点。

第一，要学会适可而止。其中，他举例强调企业家的"企"字，乃"人"和"止"的组合。祖先造字的用意就在告诫人们"适可而止"。企业家不可为追逐名利，肆意妄为；不可贪图己欲、损害国家和民众的利益。若悖道而行，必然会受到自然规律的惩罚。企业家应树立"三利人生"的价值观，在利己的同时更要做到利企、利国。

第二，要孝亲敬祖，知恩报恩。父母是家族的树根，根深才能叶茂。孝乃德之本，百善孝为先。尽孝道是每个人应尽的本分，也是做个有福之人的起点。

第三，要家庭和睦，内外兼修。秦老师强调，男人是风、女人是水，夫妻和谐乃是上等风水。夫妻乃一阴一阳，和谐相处才呈现一个"好"的征兆。男人学会"三刚"，女人要学会"三柔"，家庭必然和乐美满。而家庭幸福了，就可以把"家庭内五福"运用到企业中，从而使员工得到幸福，也会让企业蒸蒸日上。

第四，掌握迅速成为有福人的五个要点。一是布施微笑，二是耳听圣贤，三是善言善语，四是行为端正，五是心存感恩。微笑得喜，会听得福，会说得财，会做得贵，存感恩心得寿，方能祸患不惧，百福临门。

最后，秦老师告诫大众，学习圣贤文化，重在身体力行，重在学以致用，只有在生活中落实并不断提升自身的德行，才能成为一个真正有福的人。

感恩秦老师的无量功德，希望本书的出版能够对那些在幸福路上踽踽独行、彷徨徘徊之人有所裨益。

第一讲
开启幸福之门

做个有⑲人

这是我第一次来到春城云南，非常高兴。今天这个课题是《做个有福人》，我听主办方讲，在座的大部分都是企业家。我就在想，这个人生的幸福跟企业家、企业的关系又是什么呢？人这一生的幸福是个大课题，光"人生幸福"这个题讲三年都讲不完。两天的讲座就给个这么大的课题，还把"企业家"给加上。我一想这个课题要经典再经典、精华再精华。

先问大家一个问题，在场的各位好朋友，你们会笑吗？（观众答：会。）这早餐没吃好。为什么呀？说话声音这么拖拉。我听心理学家讲，回答声音洪亮代表这个人特别自信、自立、自强，能为国为民作贡献。说话声音特别拖拉，代表自卑、没能力。我再问问，各位在场的云南好朋友，大家会笑吗？（观众答：会！）这才像云南人民嘛！是不是？我来给大家做分享，就是要大家幸福快乐！你们听得快乐，我讲得快乐，这样才叫幸福啊！因为人的生命由分分秒秒组成，那我们就要珍惜当下分分秒秒的快乐，分分秒秒的幸福。快乐是幸福的展现，心中感到幸福，才能笑出来。

人生的幸福就像我刚才问大家的问题，你会不会笑？真的会笑，这个非常重要。我经常讲，人有两种能力是动物不会的，第一个就是微笑。这个微笑，要笑得非常灿烂、和蔼可亲，而不是皮笑肉不笑。我遇到过一些陪领导喝酒的人，下面喝得胃痛，上面还要假装笑，笑久了人就抽筋了。这是第一种我们要避免的笑。

第二种要避免的笑是什么呢？笑里藏刀。你看打麻将的时候，什么哥们姐妹的，屁股在那儿一坐，心里就想："我要把他们三个的钱全都赢光"。这个是笑里藏刀。我们去商场的时候，也很有意思。服务员小姐不像在场的义工老师见大家那样，又是鞠躬又是微笑的。商场的小姐对你点头时，心里却在想，希望你来了以后头朝地，脚朝天，四个口袋的钱都倒出来。为什么呀？你在这个商场花钱多了，她提成就高了。这叫笑里藏刀。

第三种要避免的笑是什么呢？笑比哭难看。

我们现在很多人把最简单的一种礼仪——微笑都丧失了。所以我们要从微笑开始，让云南人的张张笑脸喜迎天下客，让全世界的人都能因为云南人的微笑来这里参观旅游。微笑就是云南把幸福展现给世界的窗口。我们每一个人都有可能是云南的形象代言人。这就叫幸福啊！

幸福，从改变自己开始

我们可以把企业家先放一边，从幸福开始讲。我看到过一则小故事，有一个学者，是双博士，念了很多书，同时又在做企业，一直梦想要改变全世界。到中年的时候，他的梦想一直没有实现。他于是就想："我别说改变世界了，只要能改变我的企业就已经知足了。"他企业做了十几年，非常辛苦，他这时想："我别说改变企业了，只要能改变我的家庭，能让我的太太不生气，能教育好我的孩子，我就知足了。"到他临命终时，他忽然明白，实际改变世界，改变企业，改变妻子和孩子，都不如改变我们自己。

学习圣贤教诲的时候，我们只需改正自己。因为全世界最厉害的武器不是核子弹，而是感动。我们只管做好自己，感动他人就是我们的本分。很多人学了老师讲的课程以后，把它当成放大镜到处找人缺点，扬己优点，所以天天生气，继而家庭不幸，企业不幸，员工失和，诸事不顺。我们要是能拿放大镜看他人的优点，把他人一个优点都能看成全部的优点，那我们的人生将会非常幸福。

做"五好"，得五福

我们首先看企业家的"企"字怎么写？一个"人"字底下是一个"止"。这个字是上下结构，非常有意思。我们都知道，人字好写，人难做。就是说企业家的幸福要从哪里做起呢？要从做人开始，适可而止，这个很关键。人要做好了，你就会适可而止了。人要是做不好，你止不住。幸福的生活也是建立在"适可而止"上面。为什么这么说呢？先来说"人"字，"人"字一撇一捺，代表人要懂得立起来又懂得蹲下去。为什么说企业家的"企"字要把"人"写在上面？因为人难做啊！很多朋友跟我聊天的时候常说："老师，现在的苹果没有苹果的味道，桃子没有桃子的味道，吃的食品都没有食品的味道。"我告诉他们，因为人没有了人的味道，所以做出来的糕点、种出来的庄稼也就没有了自然的味道。我们只需要做出人的味道，说出人的味道，展现出人的味道，那么自然就会体现出自然的味道，这个世界也会处处充满快乐祥和。所以我们只管做好人。

做个有福人

做一个好人,你的人生一定会非常幸福。你是不是一个好人,有以下五点衡量标准。第一,对所有的人都要微笑。即使面对杀人犯,也要给一个关怀的笑容。因为杀人犯出生的时候也是纯洁的婴儿。所以要做一个好人,需对所有人都展开微笑。第二,耳朵只听圣贤教诲,不听是非之言。我们的耳朵只用来纠正自己的过失,学习他人之长。第三,嘴巴说话不尖酸刻薄,要讲柔和之语、和悦之词,传播正能量,不宣传负能量、危害国家社会的言论。第四,行为端正,不做违法乱纪之事。举止要体现出我们文明古国的形象,也要体现出我们自己的人格魅力,更要体现出个人的德行和自身修养。第五就是存心,珍惜才能拥有,感恩才能天长地久。我们做到这五点才称得上是一个好人。

想一想,我们有没有做到?这个非常重要。只要做了一个好人,你就会懂得适可而止。

这是做人最简单的一点,可也是最难的一点。我经常讲,我这个人说话没什么水平。为什么呀?没文化。之乎者也不会,只会讲大实话。我讲的方法非常简单,谁不会笑啊?是不是?除非你没长耳朵,不会听。谁都有嘴巴都会说。只要眼睛、耳朵、嘴巴、行为、存心这五方面落实以后,你就会五福临门,幸福一生了。

眼睛常笑这叫什么呀?这叫喜神临门。你看我们一微笑,什么地方最先动呀?眉毛先动,这叫喜上眉梢。

所有动物都不会微笑，只有人会。人要不会笑，就跟动物一样了。

第二个所有动物不具备的，只有人头顶天，脚踩地。你看所有的动物都是背朝天。我们就知道，人在这个世间做好了人的本分，就会得天地护佑。在家敬父如天，尊母如地，我们就会得天地护佑；在外爱国如家，爱民如子，我们就会得天地护佑。国是天，民是地。我们要是懂得了这个道理，不管做企业还是为官，都会拥有幸福生活。所以只需要把简单的人做好，就能懂得适而可止，我们的人生才会非常幸福。

今天这堂课是针对企业家的，企业家要是做到了"五好"，企业得福，员工得福。每个企业都是国家的一个大细胞，它能供给很多人生活岗位，能给很多人提供展示个人才能的平台。作为企业家，肩上的担子更重！

作为一个企业家，如何让所有员工在企业里待长待久？记得去福建的时候，我拜访过一个老板。没见老板之前，我先和他的一个员工聊天。这个员工跟我讲他在这个企业已经待了十几年了。我就问他："现在很多企业都在讲人才流失得太快。你怎么能待这么久？"他就给我讲:"我们老板与常人不同。"我说:"不同的地方在哪里?"他说:"我们老板在做企业的过程中,经常给我们所有员工讲,他今天所有的财富、所有的名望,都是来自员工们的共同努力,不是他个人。所以企业的所有荣耀都归功于员工,而并非老板自己。"

我们想一想,这位老板是把员工当成家人,所以员工就很卖力,心里也会非常舒服。我又问他:"那你们老板有没有第二个不同?"他说:"有,老板坐着车,即使在大街上碰到我们公司的保洁员,他都会下车亲自问好。还会问,家里需不需要帮助?有没有经济困难?有的话不用给你的经理说,直接到我的办公室来找我就好了。这个员工就问为什么呀?老板说找经理还得再批字、再报,要是家里有人生病了急用钱,这不就耽搁病人的生命了?"

之后,我又问他们老板还有没有第三个与众不同?他说:"老板会不定期地跑到我们员工食堂吃饭。他要是能吃得非常舒服,他才能确定员工也能吃得满意。"

很多企业在这几方面对员工没有尊重,没有认可,没有应有的帮助。没有施恩德于员工,员工又怎么能有恩于企业呢?

所以作为一个企业家,当你留不住员工的时候,就要反省错在哪里,我们自己是不是一个真正的老板。

我给老板安了一个形象的说明,老板、老板,老板着脸,所以叫老板。大家有没有这种感觉?不要老板着脸！是不是？老板着脸影响运气啊！所以在场的企业家也不要老板着脸。在整个课程中我们都要微笑，像元宝一样。我在风水课的时候讲过，笑像元宝，招财招贵。我们要天天笑，才能幸福。员工看到你时，你给员工一个微笑，员工才有自信心，也会觉得老板特别可亲。你要老板着脸，员工和老板之间就有了距离。要是有了矛盾以后很难化解，就会积成仇怨。这样不好。

所以作为一个企业家，要有担当，要做一个幸福的人。你幸福了以后，企业才会幸福，企业里面的员工才会幸福。那你的家庭自然就能幸福了。

所以我们作为一个人，一撇一捺，先做一个好人。让我们的"五好"影响到周围的人，影响到企业。像我给大家讲的第一个，微笑，喜上眉梢。这叫喜神临身呀！第二个，常听老人言，幸福在眼前。这叫福神临身。第三个，嘴巴不说是非，不挑拨离间，不说对社会国家有危害的言论。这叫什么呀？财神临身。因为一言兴邦，一言亡国；一言兴企，一言也能败企呀！我们想一想。这个是非常重要的。

做个有福人

适可而止，远离厄运

止贪

做为一个企业家，要懂得适可而止。止什么？第一止贪。钱虽好，危害国家的钱不能挣，损害社会利益的钱不能挣，污染环境的钱不能挣，有违背伦理道德、国家法律法规的钱不能挣。这是第一止，止贪。你要止住了贪，就不会受到国法制裁，不会受到良心谴责，不会受到万人唾骂。这是我们企业家该承担的第一个责任。

止恶欲

那第二止，止什么呢？要止吃喝嫖赌吸这些恶欲，这叫恶运。因为创建企业挣钱，真正的目的是服务国家，服务大众，为当地经济、社会人民的幸福添砖加瓦，让所有在企业工作的人员都能感受到企业的文化、企业的温暖，在企业里面培养出更多的人才，培养更多的企业家，给这个社会、这个国家创造财富，创造幸福。要是真正明白了，真正懂得了，我们就知道了自己的责任，所以我们要止啊！我最近看到很多新闻，很多富翁吃喝嫖赌吸毒，下场都非常不好。所以第二止就要止吃喝嫖赌吸。吸毒，嫖娼，好吃，要止啊！这是非常重要的。

第一止是为国为民，那第二止是为己，是为自己的家。

我记得我曾受财政部一个朋友的邀请，让我去给三百位博士讲一堂课，我就给推了。我说我一个文盲，小学三年级没毕业，哪敢去给博士讲课啊？他说我听过你的课，讲得还蛮好的。我说我讲的都是米饭馒头，我这个人最愚，光能吃饭喝粥。我说我可以给你出一个课题。他说什么课题？《三利人生》。实际不管你官有多大，企业做得有多大，不管你人能力有多大，无非就是这三个"利"。

第一利国，第二利民，第三利己。做到了"三利"，这叫什么呀？活雷锋啊！人生只有这条路可以走，剩下的两条路是不能走的。这剩下的两条路是什么？第一，利国、利民、不利己，这叫死雷锋。大家都不愿意接受，觉得死掉了。第二呢？利己、不利国、不利民，这叫找死。后面两条路都是死路一条，我们只有"三利"这一条阳光大道啊！所以我们做企业，首先要做到利国、利民、利己。

只有做到了"三利"，你的人生才是真正的幸福。你要是没有做到"三利"，少哪一利，你的人生都不会幸福。

第二个止就是利己的。你如何给自己的家族做表率，给自己的子女做表率，给自己的人生重重地写上一笔？那就一定要止住吃喝嫖赌吸。

我知道一个朋友，在一个非常大的企业做了总经理，被一个不良的朋友诱导去干什么呀？吸毒。后来毒瘾复发控制不住，挪用公款，最后跳楼自杀。我们想一想，人生悲哀啊！嫖娼也一样啊，很多人不知道。我经常讲，男女裤腰带都不要太松。尤其成为企业家以后，我们在这个社会上要传递正能量，树立正形象。古人创造的这个"嫖"字怎么写？一个"女"，一个"票"，是你花钱让人家女的来嫖你，不是你嫖人家。你本身是奔驰车命，你非要把自己变成什么呀？公共汽车。这叫贱命之人。

所以我们要树立良好的形象，引导子女，承担为父之责，为夫之责，为子之责。为父懂得以身示范引导孩子，为夫懂得对妻子尽职尽责，为子懂得孝顺父母。

我遇到很多企业家非常有钱，拥有高端别墅，好车，生活特别优越。一提他的生意他就抬头挺胸，可一提到孩子他就低头哈腰。所以我经常讲，作为一个人，不能把自己的子女培养成对社会国家有用的人才，也是我们最大的缺德呀！

我们古人创造的这个"好"字怎么写的？一个"女"一个"子"，合到一块儿就是"好"字。这个"女"代表着妻子，这个"子"代表着丈夫。所以传统文化里面讲的五伦关系，最重要的就是夫妻关系。

想一想，我们能不能做一个好人？对自己最简单的标准就是一个"好"，对所有人微笑、耳朵听圣贤教诲、不听是非，说话不尖酸刻薄，不说危害国家社会的言论，行为端正，心存感恩心。

止恶心

第三个止，止恶心，为良心而止。为什么？一个真正幸福的企业家，做事情要利国利民，要有良心，所做的企业能真正有利于国家、有利于民众。大家用你企业的产品放心，安心。我们为什么要学习圣贤教诲？目的就是治我们现在社会的黑心病。

很多朋友跟我讲，说秦老师，为什么要学这些东西？我说学了有好处。他问为什么？我说过去人挣钱有三个目的。第一，挣钱为了幸福的人生；第二，挣钱为了孝养父母；第三，挣钱为了给自己的子女铺垫一个好的平台，让青出于蓝胜于蓝。可是现在的人挣钱却是为了换妻换夫，男人有钱换老婆，女人有钱换老公。我年年参加我们县的政协会议，法院的一个副院长跟我讲，光我们小县城的法院每一年都有四百对夫妻打离婚。我们想一想，要是大城市，就不敢计算了！古时候常讲"一日夫妻百日恩"，可是现在夫妻翻脸比翻书都快。古时候讲孔融四岁能让梨，可是现在手足为争财打得头破血流。古时候有二十四孝引导大家孝顺父母，可是现在我们的父母又像保姆，又像佣人。父母把我们拉扯大，还要照顾我们的孩子。孩子要是听话，我们张嘴闭嘴都会说自己教育有方。要是孩子不听话怎么办？我们作为父母的只会推卸责任，就会告诉别人"都是他爷爷奶奶惯的"。想一想，老人真的非常可怜。管完儿女管孙子，管完孙子还要围着锅台转。

所以第三个止就是为良心而止。我们做产品要有良心，产品里面要注入我们的爱心，要注入我们的善心，要注入我们的责任心，还要注入我们的诚信心。因为诚信是企业立足之根本。一个企业没有诚信，没有好的产品，那这个企业注定是要倒闭的。真的是这样！你看我们过去的三鹿奶粉，真的是全国有名啊。创一个牌子可能需要不止几十年，可是毁掉一个牌子只需要一两天。

要不我经常赞叹同仁堂，三百多年的老字号真的了不得。我现在买药，只要看到"同仁堂"三个字，再远我都要跑过去买药，别的药店不去。我们想一想，诚信真的是对企业家自身的负责，也是对社会国家的负责。

"食"字怎么写？一个"人"字，底下一个善良的"良"字。这是要讲良心啊！不要利欲熏心。一些人不择手段，只要能把钱拿到手里，管别人吃了死活呢。为什么现在很多家庭富不过三代？原因就是缺了良心，毁在了第三个止上，真的是这样。

这三个止是相互帮助、相互制约的。只要我们畏惧国法，就不可能去吸毒，就不可能去违法乱纪。我们只需要常怀利国利民的思想，从第一止——止贪上面做起，后面的两止都好做。你要犯了法，国家查处，企业一夜之间就可能破产，几十年心血毁于一旦。所以人字好写人难做，你只要把上面的"人"做好，后面的幸福自然就有了。人要是没做好，如何幸福？这个事非常重要。

所以人这一生，微笑一定要会。人是真正顶天立地的，只有人的头是顶天的，动物都不是。人之所以是万物之灵，是因为人有担当，人有责任，所以人可以成圣贤。

止小恶

第四止就要止小恶，不要以恶小而为之。我记得一个老师曾跟我讲过一件事情，说他们学校有一个小卖部，生意一直很好。有一天一个妈妈带着孩子路过，孩子想喝白开水，妈妈拿着水瓶问这个小卖部的老板说，你能不能给我倒一杯白开水？老板说话了，说我们这儿有饮料。妈妈说孩子不能喝饮料。老板说有矿泉水。妈妈说矿泉水太凉。老板说那就没有了。这个妈妈非常伤心，在接孩子放学的时候就和几个家长一块儿说话，说道："这个小卖部不能去。我们老大在这上学呢，我给老二要一杯白开水，这个老板特别吝啬，非要推荐他的饮料，非要推荐他的矿泉水，就是不给我倒一杯白开水！"这些学生家长们都说："这天天挣我们的钱，我们下一次再也不去买了。"家长也跟他们的孩子说："以后记得啊，哪都可以去买，不要去那个小卖部。"话越捎越多，钱越捎越少。最后传到了老师耳朵里，所有人都知道了。这个小卖部老板很疑惑，怪了，过去生意这么好，现在为什么没人来了？就是不知道原因。最后才知道，一杯白开水，黄了一个店铺啊！

所以我们古圣先贤有一句话，不要以善小而不为，不要以恶小而为之啊！所以作为企业家，要学会止小恶，这个非常重要。

小恶之一：偷税漏税

小恶里面分为三种恶。要止这三种小恶。第一，切不可漏税。国家的兴旺发达全在于企业家的纳税。合法经营。照章纳税是企业家的责任。我们不要为了偷税漏税不择手段。一旦被税务机关发现，你这个企业就会上黑名单，甚至破产。所以在任何地方，和很多朋友聊天时我就常讲，买完东西要发票。我这人比较啰嗦，去超市买十块钱东西都让人家开发票。人家问我原因，我说帮助国家纳税。不然他们偷税漏税我是帮凶。此行为虽小，可是影响深远啊！这是三小恶中的第一止，止漏税。

小恶之二：犯法违规

第二种要止的小恶是什么呢？止犯法。我们要合法经营。要是违法，就会给自己的企业埋下一颗定时炸弹，因为早晚会被查出来。企业辛苦几十年，可能一夜之间就倒闭了。这种现象是非常多的。不光是不能违反国家明文规定的法律，还不能违反地方法规和制度。比如，企业有污染，我们就不能给饮用水里面排污。我们不能为一点点的经济利益，就危害了这个地区民众的饮水安全。我们应该建立污水处理厂，利润可以拉低。我经常说的一句话是，宁可缺钱不可缺德呀！缺钱钱好来，缺德德难补啊。所以要止小恶之二，不能违反国法。

小恶之三：攻击领导

第三，不能在企业里面攻击国家领导人，包括地方领导人。为什么呢？因为领导人代表地方的形象。你要攻击他的话，就等于攻击了一个地方的民众。在企业里面，只允许传递正知正见的企业文化，别的东西不要在企业里传播。

做个有福人

细说企业家

企业家的责任

企业家有对国家的责任,对社会的责任,对自己家庭的责任,更有对自己的责任。这叫"四责任",对应的是"四止":止贪;止恶欲,吃喝嫖赌吸等不良嗜好;止恶心,要有良心;止小恶,不要偷税漏税,不要犯法,不要诽谤国主、攻击领导。作为一个企业家,要时刻提醒自己能不能对得起父母和员工。第一,能不能对得起我们的父母?我们做企业,可以扬父母之德。别人一说,你看谁家儿子多么优秀,做了那么好的企业。而如果你违背良心挣钱,企业违法乱纪,被国家查封,甚至破产,那你的父母就会蒙羞。让别人说你看,这父母两个人缺德了,培养了一个败家子!危害社会、危害国家。损父母之德啊!我们在做企业的时候,能不能对得起自己的父母?这个是非常重要的。

第二,能不能对得起自己的员工?让员工在企业里不仅能养家糊口,还能快乐幸福地工作和生活。让他们不仅在物质上得到生活所需,而且在精神上也得到满足。让你的企业出现很多百万富翁或者千万富翁,这是企业家担当之大责啊!这个非常重要。更进一步说,我们不要把员工卡死在自己这个地方。太有才的人如果还要把他绑在这儿,只为自己所用,这叫自私。他要真有才,你应该鼓励他去创业，做更好的企业，帮助更多的人就业，帮助国家纳税，让当地出现百家、千家、万家的企业甚至上市集团，这是企业家应有的心量啊！

杭州商学院曾邀请我做过十分钟的发言。当时商学院很多专家、很多企业家都讲，杭州最大的企业是娃哈哈集团，光一年的利润就有八千多万元。他们一直想如何才能把娃哈哈集团的这种模式复制过来，让杭州出现更多这样的企业，帮助更多人就业。我们看一看人家的心量有多大！

作为老板，在员工的跟前有三种职责。第一是父之责。你要对他尽到父亲的职责，爱他如子，生活让他无忧，家庭让他无忧，让他觉得来到你这个企业以后非常幸福。你有恩于他，他才能救你于危难。

第二个是君王之责。你能随时发现员工的长处，用他之长，发现员工的短处，纠正他的缺点，让他在你这个地方变成完美之人。这叫什么呀？成人之美，助人之德。

第三个，作为一个老板，要以身示范。古圣先贤讲"己所不欲，勿施于人"。我们为什么要"己所不欲，强施于人"呢？我们要严格要求自己，在员工面前当好模范，让他以你为荣，以你为耀，学习你的长处。这样的话员工在你这个地方，经济食粮、精神食粮、学习食粮全有了，他怎么能跳槽？他感恩戴德都来不及啊！

所以一个企业的兴旺发达在于老板的德行、能力和人格魅力，不在于员工啊！所以古时候才讲"千兵不如一将"，老板非常重要。

我们宝鸡有一个企业家冯总，非常了不得，我和他关系很好。他非常谦卑，从来不会自夸。宝鸡另外一个房地产开发商，据说是宝鸡的首富，比我这个朋友有钱，一年就能挣几十个亿，企业非常大。有一天他告诉我说："秦老师，我现在明白了一个道理。"我说："什么道理？"，"做企业和企业家是两个概念。做企业你可能挣千亿万亿，可挣的再多你都只是一个'土豪金'，是土财主一个。可是带上'家'了以后，就有'家'的职责，'家'的温暖，'家'的味道。我挣了这么多钱，称得上宝鸡的首富了，但我自愧不如，因为自己只是做企业，不是企业家。"他还说："宝鸡有一个真正的企业家。"我说："是谁呀？"他说："是西建集团的冯总。你不知道，宝鸡境内一些国企效益不好的时候，很多私企都想兼并这些国企，但国企员工们都不同意。而且员工们还一直给国资委说，任何集团来兼并我们企业，我们都不同意，除非是西建集团，大家才同意……"这是国资委的一个领导告诉他的，他当时听到这些话吓了一跳。我有个亲戚就在宝鸡的一个国企,也被西建集团兼并了。我这亲戚就很奇怪,说:"西建集团不知道是个什么样的集团?我在单位工作了十几年,从来没有人给我送过一桶油,送过一袋米。但是怪得很,被这个西建集团兼并以后,企业里面的所有员工,只要是困难家庭,又是送慰问金,又是送慰问的食物用品,单位对我们关怀得无微不至啊!"

我们想一想,你是要做企业还是做企业家?要是你承担起企业家的责任,落实"四止",要是所有的员工、所有的人都想着你的好,请问你能不发达吗?这个冯总,我的好朋友,在宝鸡兼并了三个国有企业。所有员工一致同意西建集团兼并,别的公司不行。想一想,什么原因啊?他能常为他人着想。世上最高等的学问就是常为他人着想,这是成功人的特质啊!

发上等愿,结中等缘,享下等福

作为一个企业家,你在创业时,首先要干什么呀?发上等愿。做这个企业,不为自己享受,不为自己住别墅,也不为自己有豪车,而是为了帮助国家,多纳税,让我们的国家繁荣昌盛。接下来要做什么?结中等缘。企业做的产品，能让所有消费者用了以后放心、安心，让他们用完你的产品以后，没有毒副作用，越用越好。这个了不得，我们一定要懂得。要和大家结缘，结中等缘。那对自己的要求是什么呢？享下等福。随时提醒自己，不要在这个物欲横流的环境中把自己迷失了。不要为了金钱，为了满足自己的欲望，铤而走险，违法乱纪，因小失大。

这些都是想做企业家的人要想的事情。你每天去上班的时候，首先要想的是发上等愿，今天不浪费资源，所造的产品利国利民。第二个要想，所有的消费者拿到这个产品的时候，问心无愧。让所有的员工在这个地方工作能扬眉吐气。随时要求自己、反省自己，改过迁善，降低自己的欲望，享下等福。这是我们要做的事情。只有这样想、这样做，才能享有幸福人生啊。

慧眼识贤才

我在我们单位待了十年了，单位除了做石油还卖房产，经营的项目比较多。我负责文化这块，还负责销售。老板对我非常信任，公司招聘什么样的人，老板都要私下跟我商量。总经理董事长都认为我是个讲实话的人。我有时候也觉得自己很残忍，人家应聘个工作不容易，我两句话就把人家推掉了。老板问为什么？我说一个人连父母都不懂得孝顺，他如何能服务企业？这个很关键。为什么呀？孝乃德之根本，孝顺是人的根基啊！

我们公司招聘面试有三个步骤。第一，你知不知道你父母的生日？要是知道，就进到第二个环节。第二个环节，你对你的兄弟姊妹感觉如何？为什么要问这个？我们面试的时候见到过很多，一问就说他们兄弟姊妹不太了解，来往很少。这样的应聘者我们就不用了。为什么呀？血浓于水的手足都如此疏远，那员工之间又如何凝聚在一起？第三，有没有结婚？你要是结婚了，有没有搞过婚外恋？很多应聘的人都会问，说怪了，你们应聘的怎么管我们私事？我们老板就会讲，助理提的建议是我们要做"企业家"，你来了就是我的家人，所以我要关心你的家事。这也是对我的企业负责，对你自己负责。

这三条少一条都不行。为什么呀？"贫贱之交不可忘，糟糠之妻不下堂"，要是一有钱就把太太都换了，证明这个人没情义没恩义。那这个人如果以后在企业担当重要的职位，很有可能会为了利益出卖公司的商业秘密，会跳槽啊！我们想一想，这个人连太太、连丈夫都换，怎么不可能换企业？所以在我们公司所有来应聘的人都要经过我这一关，我一定会问他们这些问题。

我记得我参加政协会时碰到一位政协委员，跟我讲他也卖楼，一年要是能卖一百套楼都觉得是个奇迹。大家知不知道，我们企业每月开一次盘，一次开盘就能卖将近四百套。这位政协委员就问我，你们的楼盘为什么卖得这么快？原因有三：第一，老板厚德；第二，员工好德；第三，众人齐心，其利断金，所有的员工能凝成一股绳。为什么这样子呢？有一次老板和我聊天时偶然提起说："秦助理，你都不知道，我都这么大了，孩子都快跟我一样高了，我只要哪做不对，我爸就抽我耳瓜。"我说："你反不反抗？"他说："反抗啥呀？这全世界除了我爸抽我，再没有第二个人抽我。这是最至亲的人。"我们想一想，怪不得他楼卖得快啊！想一想是不是？这抽耳瓜抽得快，所以卖得快嘛！他说："我做这么多年企业，之所以没有违法乱纪，都是我爸爸的教导啊。我做企业之所以能凝聚一大帮优秀人才，就是因为父亲教导我，对别人要像对待他们一样好。"有时候我们老板说话，我都会被他感动。他还说等把企业做起来以后，想让员工入点股，分点股份，让他们多挣点钱。他说："我的钱多了没用，人民币是人民的，我只是在替大家保管而已。"你看看人家多会说话，是不是？所以我们要想一想，作为一个企业家，如何让员工感觉到幸福？

曾有一个老板找到我说："秦老师，我有一个问题问你，我的员工总是跳槽，好不容易培养一两年，合适了，他却跳槽了。"我告诉他："有三个原因。"他说："什么原因？"我说："第一，员工在你这个企业，他成长了，企业没成长。他看平台太小，跳槽了。他要找更好的企业、更适应他才能的企业去发展。"

"第二，老板专权，给员工的平台太小。员工四面一看全是坑啊！跳下去就死翘翘了。他一想，我走吧，不然早晚就死了。所以老板要疑人不用，用人不疑。要用他，就要给他权。"要不我说真正的老板干什么呢？陪客人喝茶呢！就管几个经理就行了。我现在遇到一些老板，真是老板老板，老板着脸，捡个垃圾他都要自己去弯腰。这个可惜啊。你捡垃圾，保洁员完了，没工作了，被老板捡完了。是不是？

"第三，员工成了菩萨了。菩萨大了，庙太小了，住不进去了，他就跑了。这个是非常关键啊！我在我们单位待这十年，实际挖我的人特别多。给年薪的、给房子的、给好处的多得很。我为什么不愿意走？因为老板对我有知遇之恩。什么叫知遇之恩？他会用我的长处。咱们这里写着'企业家团队'，'团'字怎么写？四方框里面一个才。我这个人就是这个团的中心。为啥？口才好。所以老板把我留下来，专用我的嘴。"

作为一个企业家，最想看到的就是经济快速增长。

可是我要给大家加上一个词——稳步，快速稳步增长才是好的。快速稳步增长的前提是要踩在两个高压线上，不能越线。第一不能违反国家法律法规，第二不违背伦理道德。一个受国法制裁，要收拾你；一个受良心谴责，要挨骂的。你只要把这两个底线守好了，你的企业就稳步快速增长了。

企业需要用两种人才，坚决不用两种人。用哪两种人才？第一，有德有才的人，被称为"精品"。这类人来到企业以后能帮助企业快速稳步成长，未来他又能当企业家。这叫有德有才的人。第二种，有德无才的人。这种人非常踏实，交代给他的事情能百分之百地完成任务。这种人也是企业家非常喜欢的。

坚决不用哪两种人？无德无才被称为"废品"，有才无德称为"毒品"。这个很关键。养一百个无德无才的人不如养一个有德有才的人。无德无才的人不光不能给企业带来任何效益，还会损坏企业形象、拖垮企业。那要是用一个有才无德的人，这是用"毒品"。他来了以后要把董事长、总经理给踢出去。这个可怕呀，"毒品"不能要呀！所以我们一定要明白，要懂得这个道理，尤其是在这个物欲横流的社会中，在这个大家满脑子都是钱的时代。

真正的幸福人生又在什么地方？大的框架我给大家讲了。如何做人，如何做个好人？从家庭开始，家庭处理好了，就可以处理好企业；企业处理好了，就可以处理好政府和企业的关系，员工和企业的关系，上下级关系，社会关系，企业和消费者之间的关系。实际卖产品不是卖产品，是卖人品呢！人品绝佳，产品绝佳啊。所以我们的产品和人品要放在一条线上，这个非常关键。

第二讲
什么是真正的幸福人生

接着给大家讲幸福人生。实际早上这一堂课,不能算是讲座,也不能算是分享。只是给了大家一个概念,什么叫企业?什么叫企业家?包括企业的"企"字如何写?它的含义。为什么"人"和"止"要在一块?包括团队的"团"字。你看团队不光是一个企业,一个政府机关。就像我刚才给大家讲的话,我在单位是非常有口才的人。"团"字正好就是口才。"队",有口才的人把言语说对,长耳朵的人听。这叫"团队"。当我们上级给下级说话的时候,老板给员工安排工作的时候,你不能按要求落实完成,这就叫没有耳朵的人。这一堂课我给大家要讲的就进入"幸福人生"这个主题了。

怎样的企业家才能拥有幸福人生?幸福人生这个课题太大、太深。我经常讲,幸福的人生是要和国家接轨,和社会接轨,和环境接轨,和夫妻接轨,和家庭接轨。人生的幸福如果建立在物质上面,脱离社会,脱离国家,脱离群体,那这种幸福只能当画、当花看,不能享受。

莫在幸福路上南辕北辙

我曾在北京参加过一次奢侈品协会举办的活动,也是去讲幸福人生的课,面对的也全是企业家。我当时才二十四五岁,那时胆子也比较大,也不知道奢侈品协会是干什么的,就跑了过去。去了以后一看,一片别墅区,里面有很多老板。那个主持人更有意思，不像咱们传统文化的这些老师介绍得那么悦耳动听。人家简直是煽风点火，就是为了先把大家的情绪调动起来。他说："我给大家邀请了一个文盲讲课。"说完这句话底下就都乐了起来。其中一个老板说："我以为你给我们邀请一位什么专家教授呢，却邀请了一个文盲，还八零后，我看刚断奶，嘴上毛都没有，就跑来给我们讲课来了！"把这个火点起来以后，主持人就下去了。我心里就想了，我妈说我一岁多就断奶了，这二十多岁哪能没断奶呢？是不是？老实人就是老实，没办法。我刚开始在那个地方觉得很尴尬。后来一问人家，才知道奢侈品协会是做什么的，是推广私人飞机、私人游艇的。当时我心里就想，我一个打工的北漂还敢给能买私人飞机、私人游艇的人讲幸福人生课呢？哎呀，这胆子也太大了！

大概还有半个小时就到讲课的时间了，刚说完我的这位老板又说到："这位老师，你要不去我家转一圈？"我心一想，人家这是要给我台阶下，我要顺着台阶下来。我再一想，求人原谅这叫什么呀？这叫低人一等。常原谅人，这叫高人一等。他刚说完我，我要原谅他，不能求他原谅，我要高人一等，于是就跟着他去他家里了。这不去还好，一去恨不得找个地缝钻进去。为什么呀？人家门一开，那个别墅富丽堂皇的。人家说："这位老师，你来上我们家厕所看一看。"我当时听完吓了一跳。一般招呼客人都是到客厅喝杯茶，这怎么把我叫到厕所去了？我说我不上厕所。我当时心里想，这厕所再好也有厕所味，是不是？可是他非要让我看他们家厕所，我没办法只好去看。人家把厕所门一开，灯一亮，我一看，真是金碧辉煌。那个老板说了第二句话："你看我们家马桶和你们家马桶有啥区别？"我一看说："马桶都是当厕所用的，又不能当锅使、当碗用，有啥区别？"人家说："你知不知道，我们家的马桶是千足金！哪像你们家的破瓷马桶，一用坏就是一堆垃圾。我们家马桶变成碎块都是黄金，能升值。"

我才知道，这是炫富呢。我一个租着地下室的北漂还给人家讲幸福课，人家幸福得黄金都坐在屁股底下了！所以从结婚到现在，我都没戴过订婚戒指。我太太说这个订婚戒指是黄金的，你咋不戴？我就跟太太实在讲，我不敢戴。她说为什么呀？我说戴着金戒指吃饭就会想起马桶。我太太说为啥？我说我们幸福得把黄金戴在耳朵上、手上，人家幸福得黄金都坐在屁股底下了。我这一看见黄金就想起千足金马桶，我觉得吃饭不舒服。

所以什么叫幸福？它是不一样的。企业家朋友，你们可能坐着千足金马桶，可是离幸福生活很远，因为物质不能代表幸福。这个老板还跟我讲："你看我们家的厨房，千足银碗筷，哪像你们家破瓷用坏了就是一堆垃圾。你看我们家的客厅红木家具，越用越升值，哪像你们家破木头用坏就是一堆垃圾。"我这一路上听到什么？垃圾、升值，垃圾、升值。我心里又想，人家升值，我是垃圾。心情不舒服。你说我怎么什么事都敢，跑来给人家讲幸福人生课？

　　回来的路上我就在想，他不可能是世界第一，可是我们所有的人肯定都是世界唯一。我这个唯一的人要给他这个不是世界第一的人讲讲幸福人生。他的幸福都建立在马桶上面了，建立在红木家具上面了，全部建立在一些物质上面了，这可怜成什么样了？我走到会场时，刚到门口就听见里面叽叽喳喳说话。可我一进去，所有人却都不说话了，而且他们脸都朝上，看着天花板。我当时心里就想，我这人长得蛮帅的嘛，天花板上也没啥。幸亏这个颈椎后面有骨头，不然的话头就朝后了。我这堂课还要讲好，要讲不好，人家听了得颈椎病还怪我课没讲好。所以我这一想觉得一定要把这节课讲好，这不讲好不行啊！因为那些企业家跟咱们现场的企业家还不一样。为什么呢？你看我们在场的企业家个个有元宝脸，面带微笑，喜迎八方客。一看就知道我们这个地方德风广被，圣贤的教化深入民心。从大家脸上，我能感觉到幸福的滋味。

我当时就想，要讲一句话，让你们都来看我。我说："各位老板，你们是我认识的全世界最可怜的人，穷得只剩下钱了！"话刚一说完，所有老板眼睛唰地都转过来看我了。那一看，不像在座的各位长者都是慈眉善目的，人家看我是刀光剑影。他们肯定想，好，我看你能讲什么课。我们都富成这样了，你还给我们讲幸福人生？于是我就问老板们说："请问你们的别墅价值多少钱？"刚才那个老板说："我这个别墅的位置在北京一平米要四五万，一栋下来要四五千万元。"我说："加上你家的红木家具、千足金马桶，就上亿了吧？"他说："差不多。"我就问他："请问你一年在家里能坐多久？"他说："我们因为生意的事情比较忙，经常在外面。我们都说自己是'空中飞人'。"我说："那你们家有保姆没有？"他说："有。"我说："那说明你们家保姆在家里住的时间比你们住得多啊。那你们挣的钱给保姆干什么呀？发工资。你们还要跟保姆说，你要在家里把家看好，千万不敢把马桶弄丢啊。不要认为别墅是你的，千足金马桶是你的。我要告诉你，你只有使用权，没有所有权。保姆在你家里跟你一样，也同样是有使用权，没有所有权。"

我说："我有个朋友是个老板，为了天天看美丽的海景，就在青岛海边买了栋别墅。家里太大了，打扫卫生非常辛苦，他就找了个保姆。这保姆天天没事干，为什么呀？做完早饭后，午饭不用做，就干什么呀？在阳台遛一只小哈巴狗，喝着咖啡，品着茶，看着海景。"邻居一个老阿姨看不惯就问她："大姐，这个小区的人都忙得跟什么一样，我怎么看你天天悠闲地遛狗喝咖啡喝茶呀？"这个保姆说话了："我是保姆。这狗是老板的，咖啡茶也是老板的。中午他们不回来，我没事干。我一看这海景还挺好，我就欣赏欣赏。"

有时候在人生过程中，我们不知道自己的幸福在什么地方。我们认为自己是企业家、大老板，实际我们的幸福指数还不如自己家的保姆。真的是这样啊！

我又继续跟老板讲。我说："请问老板，你们过生日吗？""哎呀，不过生日，忙死了，还过生日？"我说："你们家保姆都过生日。"他说："不可能。"我说："你不信打电话问问。"那老板就打了电话。一打

做个有福人

电话保姆说:"老板,我们过生日。小时候过生日妈妈还要给煮两个荷包蛋,下一碗长寿面。现在出来打工来了,在你们这儿我们也过生日。全小区的老板都不在家,可是全小区的保姆都在家呢。保姆们一听说有个保姆过生日就都过来了。晚上我们点着蜡烛,拿着各自老板家的红酒,买一块蛋糕。我们高兴地戏称这叫'保姆生日Party'。"我们想一想是不是?老板辛苦挣钱,保姆享受生活,所以人们现在的幸福在哪里啊?

我又问老板们:"你们吃鲍鱼海参怎么吃?"他们说:"切块,鲍汁拌米饭嘛。"我说:"我告诉你,你们吃鲍鱼海参还切块,一点都不大气。你知道你们家的保姆把别人送给你们的鲍鱼海参当土豆丝炒着吃吗?"他们说不可能吧!我说:"你不信打电话问问。"一打电话,这保姆又说了:"老板,这过年期间人家给你送了那么多鲍鱼海参,我说你吃吧,再不吃就过期了。你说唉,你吃吧!我又不会做,就切成丝,剁点辣椒一炒,哎呀,吃着很劲道。"我们想一想,是不是?吃鲍鱼海参都没有保姆有魄力。

衡量幸福的标尺

我经常讲,作为一个企业家,人生幸福是建立在对社会国家的责任心,对家庭的责任心上,而不是把幸福建立在别墅上面，建立在好车上面，建立在赌博上面，建立在吸毒上面。所以企业家的"企"字，这个字的创造体现了古人的智慧。"人"字底下是一个"止"字。作为一个人，要做企业一定要懂得分寸，适可而止，不然的话就掉进了万丈深渊。当一个老板有了钱以后，如果懂得奉献国家，奉献社会，奉献民众，对国家社会有利，这个人才能称为一个企业家。不然的话，你就是穷得只剩下了钱。

所以人这一生的幸福看你如何去衡量。一个真正幸福的人，不是挣了多少钱，而是能对国家有多大的贡献，能对父母尽多大的孝心，能对太太或者丈夫多么恩爱，如何把子女培养成为国家的栋梁。这才是我们挣钱真正的目的。可是现在人挣钱呢？把孩子送进了监狱；偷税漏税，把自己送进了监狱。所以我说钱是双刃剑。拿来利国利民，自然利己，幸福一生；拿来害国害民，自然害己，痛苦一生。

所以当我们有钱了，一定要让我们的钱变为好的力量，服务国家，服务社会，孝顺父母，帮助子女成为栋梁之才。你会用钱，钱为万福之源；你不会用钱，钱是万祸之源。你看"钱"是金字旁,右边是两个戈,双刀啊!不会用就会杀我之身,要我之命,毁我之家人。所以说钱是万福之源,也是万祸之源。这就要看我们如何从孝道着手,种下厚德,才能载物。所以我常说身为一个企业家,担子太重了。不光为国为民,还得为每一个员工负责任,对自己的子女、对家庭负责任,让钱处处开莲花,而不是处处变黑烟,污染环境。要让我们的钱帮助到真正需要帮助的人,真正去利益国家,利益社会。这样,你才获得了企业家真正的幸福人生。

孝道乃万福之始

人生这个幸福的源泉从哪里开始?要让我讲的话,从孝道开始。

真正的企业家,要从孝道做起。一个人要是懂得孝顺父母,他再坏也坏不到哪里去;一个人要是不懂得孝顺父母,他再好也好不到哪里去。因为一个人要是知道孝顺父母,会听父母之命,遵父母之教,听父母之言,扬祖宗之德。他绝不可能让父母蒙羞,违法乱纪,让祖宗蒙羞,祸国殃民。所以孝乃是万德之基,万福之始。一个人要是懂得了尽孝,福来祸消。"孝"字是一个会意字,上面是个"老"字,下面是个"子"字,"老"要对子尽责教导,"子"要以敬赡养老。我们古圣先贤创造的汉字，每一个字都有无量的意义，让我们这些后人看到这个字就能懂得它真正的含义。所以我们学习圣贤教诲就要知道，幸福的人生是建立在伦理里面，是建立在中华上下五千年的优秀传统文化里面。

难报父母恩

大家回想一下，每个人都是赤裸裸来到这个世界的。身长仅有一尺，体重不到十斤，大小二便都没有办法自己料理。在襁褓中，只能用哭泣表达我们的心意。这时父母用无限的爱，无限的关怀，使我们健康茁壮成长。可是我们回报父母的又是什么呢？尿了他一身，咬了他一口。

地球上有七十多亿人，可是我们至亲的人除了父母又能有谁呢？我们又何以嫌父母啰唆，嫌父母麻烦，嫌父母爱管闲事呢？有没有想过，我们作为子女尽让父母伤心、操心，尽让父母劳心、费心，尽让父母夜不安眠，食不知味。我们说过种种伤害父母的言语，也做过一些伤害父母的行为。可是父母对我们的爱，对我们无微不至的关怀却没有丝毫减少。即使八十岁的儿子，百岁母亲也会牵挂着。中央电视台有一个公益广告，一个父亲得了老年性痴呆，一次在饭馆吃饺子的时候迅速从盘子里抓了一个饺子放在了自己的口袋。他儿子跟他说："爸，饺子多着呢，你怎么装在口袋呢？"老人说了一句话："我儿子最喜欢吃饺子了，我要带回家给我儿子吃。"我们想一想，即使父母的大脑已经不那么清楚了，但他们对子女的这份爱仍保留着。可是我们回报给父母的又是什么呢？

我还碰到过一个真实的故事。一个单身父亲独自照顾儿子。这个儿子虚荣心特别强，一直想买车，可是父亲存了钱是要给他娶媳妇的。有一天儿子拿着刀子逼迫父亲给他买车，他父亲不答应，他就把父亲捅了一刀。结果父亲不光是没有怨儿子，反而跟儿子说："儿子，我存的那个钱是给你娶媳妇的，有十几万，存折在咱家柜子上面，你快跑吧！不然派出所来了，**警察会抓你**。"在这个世界上，我们要永远记得，永远爱我们的这个女人是妈妈，永远爱我们的这个男人是爸爸。他们能为我们付出生命，可是我们又能给父母付出什么呢？

在汶川地震的时候，我在网络上看到很多感人的新闻，让我为之流泪。其中一条新闻讲到，一个妈妈怀里抱着自己的孩子，来不及跑出去，房屋就倒塌了。她就把孩子藏在了自己的怀下，忍着痛，拿出了手机，在手机上写了一句话："孩子，妈妈去了。请记着，妈妈永远爱你。"当救援人员把这个孩子救出来的时候发现了手机上的这段话。

在舟曲泥石流的时候,我也看到了一则新闻,也让我特别感动。一个地方被泥石流全部埋没了,没有了生命的气息。救援人员要离开的时候,忽然听到一声小孩的哭声。救援人员扒开房顶后,看到了一个四五岁的小女孩。泥石流已经埋到了孩子腰的位置。孩子哭着说了一句话:"叔叔,我妈妈还在下面。"救援人员接着往下挖,挖出了一个女人的尸体。所有的救援人员都为那个场景流泪。为什么呢?这个女人的双手是向上撑起来的,孩子站在母亲的双手上面才能得救。这时,救援人员又听到小女孩说了第二句话:"叔叔,我爸爸还在下面。"救援人员再往下挖,又挖出了一个男人的尸体。这个男人也是双手向上撑起的。当泥石流来的时候,父母心有灵犀,丝毫没有想到自己的安危,而只有一个共同的愿望——让孩子活下来。他们用生命搭起了一架人梯,给孩子搭出了一条生命通道。

各位长辈,各位朋友,幸福的人生是始于孝道的,孝乃万福之源,万德之基。世上所有的宗教离开孝道不能成立,世上所有的文化离开孝道不能成立,世上所有的幸福离开孝道都不能成立。

去年我看到过在邯郸发生的一则新闻。发生了火灾，有一家住在六楼，两个孩子来不及跑出去，父母就搭了一堵人墙把孩子藏在了立柜的角落。救援人员赶到的时候，发现夫妻两人整个后背都已经烤焦了。两个孩子虽然被浓烟熏昏迷了，但最终得救。我们想一想，当危难来临的时刻，父母可以为了保护我们付出生命，可是我们大家回报给父母的又是什么呢？

我们都渴望幸福的生活，但幸福的生活要是离开了孝道，就不是幸福，是罪恶，是人生最大的缺德。因为文明的社会是始于孝道的，幸福的社会是始于孝道的，和谐的社会是始于孝道的，现代化的社会也是始于孝道的。我跟很多了解经济学的专家教授聊天的时候，给他们提过一个观点——孝道是世界上唯一的经济学。所有的专家都同意。一个懂得孝顺父母的子女，不会危害社会，不会危害国家。一个懂得孝顺父母的子女，懂得自己的责任，懂得扬父母之德，扬祖宗之德。孝能治人心恶，孝能治人黑心病，孝能拉近人与人之间的距离，孝道让我们的人生越来越幸福。

各位好朋友，昆明和我去过的很多城市不一样，四季如春，如此美丽，云南省的人民又是这么好客、热情。希望我们所有人能将孝道文化推广开来，因为孝道是幸福之金，是和谐之金。我们要让更多的老人享受到子女的孝顺，不要再让父母因其子女的愚昧而受到伤害。

行孝不能等

一个朋友跟我讲，他的妈妈是个寡妇，是个没有文化的农民，独自一人供养他出来上大学。他博士毕业之后就留在北京工作，娶了媳妇，住在了城里。他想把妈妈接来，但又担心妈妈到城里以后跟高学历的儿媳妇不能融洽相处，最后也就没有去接。他每个月给妈妈汇点钱，妈妈就一个人在农村待了很多年。有一天，邻居给他打个了电话说："你妈妈生病了，你们夫妻怎么能自己在城里享受生活，让你妈妈在农村受罪啊！"这时我这朋友才悔之不及。当他把妈妈接到北京检查完身体后，才知道妈妈已经是胃癌晚期了。就是这样，他妈妈也丝毫没有怨自己的孩子，反而给儿子讲，妈妈没照顾好自己，给你们添乱了，要是病情好转了，妈妈就回去了。我们有没有想过，哪有父母不愿意跟子女在一块生活的？但是父母怕给儿女添乱，添经济负担，又怕儿媳妇吊脸给儿子难看。父母真是时时处处为子女着想，可是我们做子女的却时时处处都只为自己着想。所以我经常说一句话，父母的心在儿女身上，可是儿女的心却是在石头身上。

这个朋友跟我讲："秦老师，我最大的遗憾就是没有好好对父母尽孝。父亲在我很小的时候就去世了,妈妈在世的时候我也没有好好尽孝,我嫌她是农民,嫌她是文盲,让她在农村待着。她饥一顿饱一顿,得了胃癌。我甚至认为妈妈没有文化,又是个农民,怕她不能跟我高学历的太太很好地相处,所以我不愿意接她来城市。"

各位好朋友,我们千万不能让车子越开越快,而让我们的亲情越来越远;不能让我们的高楼大厦越来越高,而让我们人情越来越薄。千万不要让这种现象再在我们的身上出现,因为幸福的生活是亲情的生活,幸福的生活是孝道的生活,幸福的生活是感恩的生活,幸福的生活是珍惜的生活。当我们住在高楼大厦里面,夏天吹空调的时候,想一想农村的父母,他们有没有空调?当我们冬天享受暖气的时候,想一想农村的父母,他们可否有取暖的工具?有时候我们即使只用着一个破手机、破电脑,也会嘲笑父母,说他们落后了,不懂得这高科技。有没有想过,我们的父母面朝黄土背朝天,攒钱供我们上学,是为了我们更好地适应社会,为了我们更好地生活,不是让我们学了高科技来嘲笑他们的啊!我们错了。

这个朋友跟我讲,他妈妈在病床上没有丝毫埋怨他,还给他讲,妈妈是文盲,你是博士,妈妈来了怕给你添麻烦。妈妈有一个最大的愿望就是想学写字,你能不能教妈妈写你的名字?我的朋友就教他妈妈写字。他在医院陪了妈妈两个月,妈妈在最后的时间天天打杜冷丁,一天十几针二十几针地打。可他的妈妈即便疼得非常厉害,也都独自忍着。有一天他实在太累了,就趴在病床边睡着了。就在他睡着以后,这位坚强的母亲去世了。去世前尽管非常痛苦,可是她也没有忍心把睡着的儿子叫醒,反而忍痛拿了一张纸,拿起一支笔,写上孩子的名字,还有一句话:"孩子,妈妈去了,妈妈永远爱你。"

各位好朋友,千万不要让"树欲静而风不止,子欲养而亲不待"的遗憾再在我们的身上重演。幸福的人生承担的责任就是弘扬孝道,把我们孝道文化传遍全球。古人讲孝,今人也讲孝,中国人讲孝,外国人也讲孝,所有的人都是母生父养的人。我们大家再想一想,我们跟父母相处的时间又有多少?我们一到三岁不懂事,经常给父母添麻烦。长大了以后上学,要是离家里远还要住校,可能周六周日才在家里待两天。要是上了大学远走他乡,可能寒暑假才能回到家里跟父母相处一段时间。要是为了生活去外省工作,可能过年的时候才能回到家里陪伴一下父母。可是我们的父母呢?对我们日思夜念,时时刻刻没有丝毫减弱。我们回报给父母的是什么呢?我们每次给父母打电话,父母都说他们好着呢。父母可能已经生病了，但就怕我们在外面工作操心、担心，不愿意给我们添麻烦。可是我们作为子女，甚至因为一个"忙"就忘记了父母的生日；甚至因为忙，八月十五可能就只给父母快递一份月饼；可能因为忙，我们就只给父母邮过去了一年的生活费，甚至有的人几年都没有见过自己的父母。

我看到一些新闻，很多空巢老人死在家里，尸体都腐了，子女都不知道。我们因为一个"忙"，就把对我们恩重如山的父母忘在了脑后。有没有想过，我们一到三岁，爸妈养育我们，那时候他们也很忙，可是父母从来就没有说过"宝贝，爸妈太忙了，你自己给自己冲奶粉喝吧""你自己给自己换尿片吧"，我们的父母从来没有说过。

当我们的父母年迈的时候，吃饭可能开始流口水，我们嫌弃父母脏，你为什么不想想那可能是因为父母嚼咽功能退缩了。大家有没有回头想过，我们一到三岁也流过无数次的口水，父母何时嫌过我们脏呢？不但替我们擦得干干净净，我们流过口水的饭菜还吃得干干净净。所以当父母生病了，甚至糊涂了，瘫痪了，尿湿了裤子，弄脏了床铺，请大家不要嫌弃。这个时候正是我们报答父母养育重恩的时候。我们不能嫌弃他们，不能离开他们。我们要时时陪伴他们，让他们有尊严地活过生命的最后一程。这才是作为子女应该做的事情。再回头想一想，我们一到三岁也尿过无数次裤子，弄脏了无数的床铺，父母何时嫌过我们脏呢？父母替我们洗得干干净净。父母不是圣贤，只是普通人，可能也有过错，可能也有很多种种不足，可是大家一定要记着，父母对我们的爱是永远没有错的！

当父母走路不再那样灵便时，我们搀扶一把，不要嫌他慢。不要忘记，我们学走路时，迈开的人生第一步，是在父母双手的搀扶之下进行的。我们又怎么能嫌弃他们呢？当我们父母不再年轻时，不要忘记，父母已经是风烛残年，可能来日无多。

父母是这个世界上唯一不可以复制的。有爸妈在，你才是世界上最幸福的人。我经常去孤儿院帮助一些孤儿。我记得有一个十一岁的孤儿拉着我的手说过："叔叔，我们这些孩子一出生就不知道有个男的叫爸爸，有个女的叫妈妈，也不知道有个地方叫家。我就想不通，为什么有那么多人有父母在，却不懂得珍惜呢？难道非要像我们成了孤儿，才能知道父母的珍贵吗？"

所以各位好朋友，父母在世时我们要赶快尽孝。我们在人世间可以缺钱，可以缺任何物质，可是我们千万不要亏孝啊！我总结了一句话："诸事不顺，皆因亏孝。"孝乃万德之基，万福之根。我们只有懂得了尽孝，人生才能得到真正的幸福。我们古圣先贤讲到，忠臣出于孝顺之门。

　　我们大家听也听了，哭也哭了，感动也感动了，我还是要告诉大家，梨是甜的酸的只有吃到嘴里自己才能知道，比别人讲出来更有味道。老师讲得再好，你即使能把老师讲的重复出来，能倒背如流，要是不能落实在自己的生活中，要是不能对社会国家做出有意义的贡献，就像光会背菜谱不点菜，即使倒背如流，你也永远不知道菜的味道。所以幸福的味道是有爸妈在的味道，幸福的味道是我们知恩报恩的味道，幸福的味道是我们懂得珍惜父母的味道。

　　作为一个企业家，你想让企业成为什么样的企业？想让你的员工成为什么样的员工？想做出什么样的产品？只有把孝的力量用进去，员工才会因为你的孝而感动，企业才会因为你的孝而运转。因为你孝顺父母不忘祖宗之德，你所做的产品才称得上是良心产品。所以我们做企业也好，为官也好，做人也好，只要能把孝摆在第一位，我们就懂得了如何做人。人字一撇一捺最好写，可是最难做。我们对父母的态度、对父母的孝心，决定了我们财源的深度和福报的广度。我经常讲，一个人懂得尽孝，祸患不惧；一个人懂得尽孝，百福齐临。

上一讲我给大家讲到了我们宝鸡的首富，大家知道他为什么能成为首富吗？他的父母都住在农村，他想让父母搬到城里住。他爸妈说："我们不愿意来城里住，我们喜欢种地。"他就把一栋十八层楼的整个楼顶垫了半米深的土，围起围栏，让父母在楼顶种地。大家想一想，人家对父母的顺达到了什么程度？敬达到了什么程度？尊达到了什么程度？他成为首富是必然，不是偶然。我去他们家，他爸妈说："秦老师，这是绿色南瓜，我在楼顶种的。这是我种的玉米，我种的菜，你看看。"我说："为什么种呀？"老人说："我种完我儿子回家能吃绿色食品，身体不生病。"你看，父母种地也是为了子女着想，不是为了自己的乐趣啊。我们经常觉得父母啰唆，觉得父母爱操心，可是我们为什么就不能让父母省心，安心，养心，乐心呢？为什么我们净让父母操心，伤心，费心，劳心呢？作为子女，我们的所作所为为什么就不能替年迈的父母多着想呢？

孝亲祭祖改命运，免灾祸

我告诉大家一个秘密，孝亲祭祖是改变命运的诀窍啊！我们要是懂得孝顺父母，敬父如天，尊母如地，就会得天地护佑。

我经常讲，我们的生命是父母给的血脉。很多人问我："秦老师，你懂风水，教教我们如何改变命运？"我就告诉他们，孝亲祭祖能改命运。为什么？因为我们的命是父母所给，尊敬他们，孝顺他们，天自佑之、护之。

在某次航班失联事件发生后，我看到了一则新闻。沈阳的一个小伙子叫刘猛，他在马来西亚工作多年，每年都要回国探亲两次，看望年迈的爷爷奶奶。三年前的3月15号爷爷过世了，之后的每年3月份，不管工作多么忙，他都要回国，给爷爷扫墓。我们中国一直非常重视老人去世的三周年，今年他回来是祭拜他爷爷三周年的。记者采访他的时候，他还拿着他改签之前的机票，他的航班就是3月8号这个失联的航班。他说，冥冥之中，不清楚怎么就有一股力量指引自己改签，多扣钱也要改签。他就把3月8号的票改到了3月10号。所以很多网友留言讲，这是你爷爷护佑了你！

我们想一想，孝亲祭祖真的是风水之源啊，真的是改命之诀窍啊！所以只要懂得孝顺父母，诸事大顺。要是不懂得孝顺父母，百祸皆临。

孝敬父母，得天地护佑，我遇到的这种例子特别多。不管是企业家的幸福，还是官员的幸福，所有人的幸福，都源于孝敬父母。只要懂得孝顺父母，就懂得适可而止。

只要听父母命，遵父母教，就不会违法乱纪，做违背伦理道德、损害父母颜面、毁坏祖宗名声的事情。

我们每一个人都为人子女或为人夫妻，也能为人祖先。我们在自己的人生历程中，如何给自己写下重重的一笔，让子孙在百年以后提到自己的时候，能够抬头挺胸，而不是低头哈腰，这是我们的幸福。

所以你看，幸福的人，他的家道门风源远流长。我们如果把家庭的幸福推广到社会，推广到国家，推广到世界，就真正印证了张载夫子讲的"为万世开太平"。幸福的人生在哪里？始于孝道，真的是这样。所以我经常讲，幸福人生的课题太深了，深得不得了。它的内容太广，广得不得了。需要我们大家细细地品味，慢慢地落实，终身推广。

古人为什么讲"家和万事兴"啊？为什么好人的"好"是一个"女"和一个"子"？我们古人创造字的时候就讲到了，子乃男子，女乃女子。一个家庭的组合就是夫妻，这就是"好"字。男要找情人，女要找情人，这个"好"就坏了。这一坏，祸就来了。所以我们男人要做好男人的本分，女人要做好女人的本分。真正做好本分，做好儿子的职责，女儿的职责，好好孝顺父母，这是非常非常重要的事情。

我遇到的很多夫妻，都是因为孝顺父母得福，因为孝顺父母免祸。我记得我在北京的时候，有一对夫妻听了我的课。他们做蔬菜批发，经常给我送蔬菜，非常有意思。有一次我和他们聊天，我说："你们在北京这么多年，多久没有回老家了？"他们说："我们有几年没有回去了。"我说："那你们双方的父母呢？"他们说："为了生活嘛，没有时间回去看望父母，在这个地方生意挺好，尤其年关的时候更不能回去。"我说："你孝顺你的父母以后，生意不会受到损失，反而会更好。"他们这一年过年时就真的决定放下生意，回家看望双方的父母。但是在回去的路上，他们遇到了车祸，把车开到了沟里。很有意思的是，车正好架在了两棵树的根部。当救援人员把他们救上去的时候，这个车才滑了下去。见完父母回京以后，他们就回来找我说："秦老师，我们听完你的课就回去孝顺父母，怎么能遇到车祸啊？"我说："你遇到车祸啊，是向你警示几年不探望父母。为什么能得救？因为你回心转意，要孝顺父母，才能车毁人安。"他说还真是，车虽然毁了，但是一家四口都特别平安。

所以想一想，在人生道路上我们可能会遇到很多不顺利的事情，这都是因为在孝道上有亏，不懂得尽孝，不懂得祭祀祖先。所以我经常讲，你只要找到了幸福人生的根基，明白了幸福人生从孝道开始，那你的人生就是笑开颜的人生，幸福的人生。

教子女先行孝道，后行文道

我之前讲课时，有个老板跟我说："秦老师，我们为了教育孩子太痛苦了，我们不知道如何教育孩子。"我就告诉他，教子女先行孝道，后行文道，此乃"教"字。教育的"教"字怎么写？先写"孝"，后写"文"。孝乃德，文乃才，有德有才是为精品。我们是企业家也好，是老师也好，是父母也好，我们要把子女、把学生、把员工培养成社会的精品，世界的极品，对世界对国家有帮助的栋梁之才。这是我们每一个中华儿女肩上的重担。这也是我们作为一个人，真正该承担起责任的事情。

古时候创造的"财"字，"贝才"也。把家里的宝贝培养成对社会对国家有用的人才，你才是世界上最有"财"的人。大家同意吗？（观众答：同意！）太好了。看来大家对这个观点比较认可。你的钱再多，可孩子不争气，只能让你的家庭一败涂地，只能让你的万贯财产付诸东流。所以一个人真正有"财"，不是做了世界五百强的企业，而是子女能为国为民扬祖宗之德，筑立

做个有福人

国之本，成为对社会国家有用的人才，这时你才是世界上最有"财"的人。我们的古人太有智慧了，所以看书时，每一个字我都会思考它的内容，思考古人在创造这个字时的深厚含义。汉字真正体现了我们古圣先贤的智慧。所以看到财富的"财"，我们大家不要误会，不要认为你存了几百亿你就是最有"财"的人，而是你的子女能为国为民成为栋梁之才，你才是世界上最有"财"的人。

那次讲座时这个老板还问我，他的儿子八岁了，有一天回到家里就跟他们夫妻说："我要跟你们断绝母子、父子关系。"他们夫妻觉得很诧异，说："为什么呀？爸爸妈妈对你那么好，你一个月花那么多钱，给你报了那么多个班，对你无微不至地照顾，你怎么能这么说话？"没想到孩子说："你们挣的钱到我孙子时都花不完，你们还这么残忍地给我报班、让我考试，为什么让我那么辛苦？你给我找一个代考、代学的不就行了吗？"我们想一想，这个非常可怕。

北京有很多高档的私人学校，有老板给我讲，他去接孩子下学，他的同学就问他，你爸爸来接你了？谁知道这个孩子就说，那不是我爸，那是我们家的司机。我们想一想，孩子的虚荣心有多强。我们的物质财富让孩子幼小的心灵都迷失了。

现在的父母没有学过圣贤教诲，都不知道如何做父母，如何做子女，如何教育自己的孩子成为国家的栋梁之才。

我的孩子上幼儿园的时候，幼儿园的院长曾跟我讲，他去小班、中班考察。大家知道这个幼儿园小班的小朋友想什么吗？一个小朋友问，你爸是干啥的？一个小朋友答局长，另一个小朋友答主任。还有小朋友说："什么主任局长？我爸是黑社会，把主任局长全部打倒！"我们想一想，非常可怕。

我记得有一个老板给我讲他的一个例子更有意思。他说："秦老师，我看过你很多视频，今天参加这个活动我就是为了听你讲如何教育孩子。我两个孩子都是九零后，我们夫妻俩没文化，可是我们有的是钱，我们在北京买了别墅，我们家的好车特别多。可是我一想这孩子，怎么样能把他培养成教授呢？我就去找一个名牌大学的教授，背了三十万，领着我儿子找到教授。我对教授说：'教授啊，我们家有的是钱，可是我们夫妻没文化。我这一年给你三十万，不够可以商量。你只要把我的儿子培养成和你一样有学问的教授就行了。'"他把钱一放，把儿子给教授一交代，就回家了。才过了两个小时，教授就背着钱，领着他儿子来了。他问教授怎么了？嫌钱少？教授说："你刚走才一会儿，你儿子就说第一句话：'你还教授呢，我看你像禽兽！'我说你怎么这么说话呢？谁知道你儿子又接着说：'还敢花我们家的钱，我早晚找人把你弄死！'"这教授一听，钱来了，我人没了，赶快把你送回家吧！

　　那个时候他才意识到，他能用钱管理几千员工，能让企业做得风风火火，可是却对自己的儿子束手无策。他过去认为自己拥有万贯家财很幸福，但他的幸福可能就会像千里大坝毁于蝼蚁之穴一样，将会一点点毁在自己儿子手里。他那个时间才警觉了。他说："哎呀，秦老师，我才发觉，要听你讲的东西。到底如何教育子女呢？"我就跟他讲了，教育的"教"字怎么写？先写"孝"，后写"文"。孝乃德，文乃才，德才兼备极品人生。我们要明白，作为父母我们要想把自己的子女培养成对社会有用的人才。教育孩子始于孝道，终于师道，那孩子就会变成有德之人，要是大家不懂得不明白，只教孩子才，没有教成德，那这个孩子就会变成"毒品"之人。

见人之优，学人之长

　　在这个社会中，我们要幸福生活，就一定要记住见人之优，学人之长；要效仿孝子，效仿圣贤，效仿有德能的人。我们要避人之短，这样我们才能包容。我们学习圣贤教诲，学习幸福人生，并不说是听了多少堂课，也不是说会给别人讲，而是要学习孝顺一切大众，学习大肚量。容人所不能容，忍人所不能忍，行人所不能行。不是在这里学了以后只会感叹，"哎呀今天我老婆没来"，"哎呀今天我老公没来"，"哎呀今天我儿子没来，他们要是也来学这个就好了"。我告诉大家，你要起了这个念就错了。你只要自己来了，改变了自己，就能够感动他人，影响他人。那你这堂课就没有白听，就没有白学。你要是听了，学了，不能落实，天天拿着老师讲的课，拿着你学的东西，作为了尺子量别人的错，量别人的恶，你将痛苦一生。真的是这样。

所以我经常讲，人离太阳月亮不算最远，人离自己的眉毛最远。我们的眼睛看不见自己的眉毛，如同我们看不到自己的问题，自己的过错。所以要常反省自己的过错，常学他人之优，这是我们进步的源泉。我们常看别人的过失，常看别人的不好，这是我们自身的修养不够，这是我们缺德的表现。很多人告诉我，秦老师，我这人什么都好，但刀子嘴豆腐心。我经常说，你的刀子嘴，杀人都要流血。你的心再像豆腐一样，有什么用呢？所以心再好，脾气坏，也是坏人一个呀！

做个有福人

人人为我，我为人人

在人生道路上，在学习幸福人生的过程中，我们一定要明白，世界上最高等的学问，最上等的学问，就是常为他人着想。随时随地为别人着想，我们的前途就是一片光明，我们的人生就是幸福人生。作为一个企业家，要为国家大局着想，为员工大局着想，为消费者着想，对产品负责，那样我们就知道幸福人生该如何去落实了。

揽责不推责，和谐融洽

我认识一个老板，做生意做得非常大，非常了不得。他卖了一台产品给一个企业。企业用的过程中出了问题，想要让他们赔偿损失，有几百万。因为影响了他们的生产，还要走法律程序。这台机器的销售员极力推卸责任，报告了经理，经理报告了董事长。董事长听完了以后马上给经理说："要多少钱就给多少钱，哪怕百分之一的过错是我们造成的，我们也要把责任揽起来。"

因为身为企业家，担子是揽责，不是推责。我们要揽服务大众之责，对产品负责，也是对自己的人格魅力和信誉负责。这个经理听了董事长的话后来到对方企业，先给对方董事长鞠躬，然后说："我们董事长说了，你要多少钱赔多少钱，哪怕百分之一的损失是因为我们企业的过失造成的，我们也愿意承担百分之百的责任。"这个董事长感动地说："你们这么仁义，我也不能不义啊！我分文都不要了。我还要去请你们董事长吃饭！我第一次碰到一位高层领导能如此承担责任，而不是光想着推卸责任。在用这个机器的过程当中，可能也有我们自己操作的失误。"

所以我经常劝大家，争着当"坏人"，家庭和睦，企业和睦，社会和谐。为什么当"坏人"呀？争着当"好人"就只会推卸责任，当"坏人"才会在自己身上揽责任。夫妻之间要是都争着当"好人"，把责任往对方身上推，那夫妻就离婚了。我经常讲一个例子，有个太太在丈夫上班前给丈夫端了一杯茶，放在了鞋柜上。丈夫着急上班，一穿衣服，不小心就把水杯碰到了地上。这个丈夫要是推责的话就会讲："你看你，没眼色，我着急上班，你怎么把水杯放这儿？"太太可能就说了："我关心你啊，你看你上班，早上喝水太少。我希望你喝杯水是为你身体好，你把人好心当驴肝肺！"这样对话夫妻间又伤感情，又没面子。要是换一个角度呢？要是懂得幸福之道的人来讲的话，同样是一杯水，丈夫不小心把杯子碰到地上就会说："哎呀太太，对不起，你给我端杯水我都没注意，碰到了地上你还要打扫卫生。我这着急走，你放心，我去单位一定喝水。"你看,太太也转变了,说:"对不起,我应该端着,怎么给你放这儿呢?幸亏没烫着你。"都把责任揽在自己身上,夫妻间才会和和睦睦。是不是?

我们要一揽责当"坏人",情重义深;我们要是一推责争当"好人",薄情寡义。所以我们要争着当"坏人",不要当"好人"。我在我们单位就是"坏人",但是我这个"坏人"在单位最受欢迎,大家都比较喜欢我。为什么?能承担责任。所以想要幸福的人生必须承担责任。作为一个企业家,我们要揽社会的责任,揽国家的责任,揽员工的责任,做好企业,不给国家添乱。我们要做环保产品,绿色产品,做真正有意义的精品,让企业整体发展,良性循环。我们要考虑到国家的利益,员工的利益,还要考虑到消费者的利益。我们要有恩于大众,这样的话当你有难的时候大众才会帮你。

人捧人高,互惠共赢

我经常讲,作为企业家,上等老板是人捧人高,同行之间合作互惠,人生共赢。企业间相互合作,企业越做越大。比如,李总捧王总,王总捧李总。李总说,哎呀,王总你真好,你企业做得那么好,税纳那么多,对员工那么好,我要向你学习。王总说,我也应该向你学习。中等老板是什么呀?人不理人,我不能跟别人来往。为什么呀?我要是跟他合作,他占我便宜怎么办?我要是和他合作,他利益分成不公怎么办?下等老板是什么呀?

人贬人低。真是卖面的见不得卖石灰的过来。

参加企业家活动的时候，我做过一次试验，使劲儿吹捧对方。结果发现，就像地里的稻谷一样，越饱满的越弯得下腰，越空虚的越是直冲冲。一些中等的小老板，即使有了钱，也不会相互合作。下等老板更有意思，人贬人低。我去某个小商铺买矿泉水。我跟老板说："同样品牌的矿泉水那边是一块钱，你怎么卖一块五？"大家知道他跟我说什么吗？"唉，你别买他们家的水，他们家的水是假水。"

所以我们一定要过上等人的生活。什么叫上等人？是人品上等，思想上等，德行上等，幸福上等啊！我们做一个上等的企业家，相互合作，共同努力，把企业家团结起来，共同为社会国家做贡献，为员工做贡献。取别人之长，让企业用别人之优，稳步增长。要是像中等企业那样相互之间不来往，以后就不会发展。要是像下等企业那样相互攻击，就会毁掉。

人也是一样，上等人是人和人帮。我经常讲，上等夫妻是聚宝盆夫妻，取之不尽，用之不完。丈夫经常夸妻子，妻子经常夸丈夫。妻子经常在自己父母面前夸丈夫之优，好让父母安心省心。丈夫常常在父母面前夸妻子之德，常让自己的父母安心养心。这样家庭就和谐了。常言对方之优，这是上等夫妻。那中等夫妻呢？人不理人，把家庭当宾馆一样。睡个觉都是背对背，同床异梦。那下等夫妻呢？叫臭尿盆，走哪臭哪。天天说对方这不好，那不好。我常讲，一个女士当着别的男士不要说自己老公不好，是不是？这样你就会给这个男士一个错觉，她是不是仰慕我了？老说她老公不好，那她是不是喜欢我呀？就想搞婚外恋了。当一个男士对一个女士说他老婆不好的时候，这女士也会有错觉。所以我常说婚外恋都是你自己招的呀！你天天夸自己太太好，请问，谁敢给你当小三啊？是不是？

所以上等夫妻是人捧人高，是聚宝盆生活。中等夫妻是人不理人，是洗脸盆生活。下等夫妻是人贬人低，是臭尿盆生活。上等企业是人捧人高，聚宝盆企业。中等企业是人不理人，洗脸盆企业。下等企业是人贬人低，是臭尿盆企业。所以你想过上等、中等还是下等，是由自己决定的啊！

我在北京有一个店，我太太常过去，许多明星、名人也是经常光顾。有一天，来了几个电视台主持人和世界名模，她们都很漂亮。我太太过来以后，其中一个名模说："秦老师，这是你老婆啊？"我说是。她说："你老婆怎么这么黑呀？"她一说完我老婆就不自在了。作为丈夫，要养妻子之德，要给太太做好榜样，要让太太把你当好依靠啊。人家嫁汉嫁汉穿衣吃饭嘛。你连你太太都保护不好，那怎么行啊！我就说："你不知道，我老婆黑是黑呀，是黑牡丹，物以稀为贵。"那明星又说："秦老师，你老婆怎么脚这么宽？"我说："我老婆脚宽站得稳，所以找个老公不搞婚外恋。"谁知道人家明星又说："秦老师，那我们的脚怎么这么细长呀？"我说："你们是明星脚、艺术脚，不一样。"我们可以自赞，可是不要毁他。这样社会就和谐了。听完我太太还美得很。实际我太太不黑，只是没有人家明星白。

所以幸福人生在哪里？就在生活中的点点滴滴中，要学会珍惜当下。作为一个企业家，你的职责是什么？大到为国，小到为家，处处都能体现到幸福的味道。

第三讲
家庭和睦是一切幸福的源泉

做个有福人

下午我们继续探讨企业家的幸福人生。一个人的幸福始于家庭，体现于社会。要是一个企业家能处理好夫妻之间的关系、婆媳之间的关系、妯娌之间的关系、兄弟姊妹之间的关系，这叫家庭幸福；又能把这种处理的方式用到企业中，这叫企业幸福；又能把这种方式推行到社会国家里面去，这叫社会和谐。幸福的生活是所有人都期盼的，都希望的，更是离不开的。那既然幸福的人生与我们每一个人都紧密相连，不可分割，那我们如何在家庭中来推行幸福的方式呢？

夫妻是五伦的中心，因为有了夫妻，才有母子、父子，才有兄弟姊妹，才有了妯娌等等。那我们如何用最简单的方式、最有效的方式让我们的家庭幸福，让我们的家庭成为一个模范家庭？这要用我们的行动力。即使我们成不了孔子孟子，我们也要追上几步，让自身产生一些圣人的行持，圣人的味道。这个非常重要。我们不讲治国，只讲齐家，齐好家，不给国家添乱就是最好的治国。

我们经营企业，企业的利润多少并不重要，重要的是它能解决多少人的就业问题，这就是大慈；又能帮助多少人在这个岗位中明白做人的道理，这就是大悲。所以企业家也好，领导干部也好，我们所有人的职责如何去落实呢？我们每一个人有不同的身份，就像儿子一样，在母亲面前是儿子，在妻子的面前是丈夫，在子女的面前是父亲，在国家的面前我们是人民。我们如何把自己的每一个身份在不同的环境中、不同的地方表演好？人生如戏，这部戏有喜剧，有悲剧。人生还很短暂，拿分秒计算，人这一生活一百岁也就三万多天。演好每一天的戏，演好我们的角色，给大家做一个模范，这样才叫不空过，不空活。

夫妻相处只需感动，不需教育

我经常讲，不管专家教授，还是国学大师，如果在推行传统文化的时候，太太还会和他离婚，他的子女还会不孝顺，那这种老师讲得再好都不能听。因为中国的圣贤教诲是拿来做的，嘴说千日不如日干一时。干到才能得到，不是说到才能得到。

在家庭中的践行传统文化非常重要。我遇到很多人，不学圣贤教诲还好，一学圣贤教诲，家庭分裂，夫妻反目，子女成仇，甚至认为家里人拖其后腿。很多朋友问我："秦老师，为什么会出现这种情况？"我就讲了，经典上说"己所不欲，勿施于人"，我们是"己所不欲，强施于人"。我们在学习的过程中自己没有办法落实，却把学的东西拿过来要求别人。管人不好，管人不是招气就是招恨。我们要引导人，要帮助人，而不是动不动就教育人。很多人都有一个大毛病，好为人师。孔老夫子非常谦卑，讲"三人行，必有我师"。作为一个企业家，作为一个家庭的一份子，我们要去落实。在我们的家庭中，在我们的工作中，在为人处事，与人交往的时候，要把这种智慧体现出来。

我的太太没有学传统文化，也没有学《弟子规》，可是比我这个学的人还做得好，还落实得好。2005年，我和太太结婚。婚后，太太上班第一个月的工资就拿去给我母亲买了一台空调。直到今天，这台空调还在陕西老家我妈妈的屋里，而一般我们老家的房间是没有空调的。太太的行为令我非常感动。怎么办呢？我就用自己的工资给在农村的岳父岳母买了一个太阳能洗澡器。由此看来，夫妻之间是相互的，人只需要感动，不需要教育。

家庭是讲情义的地方，讲恩义的地方，不是讲理的地方。我经常说，夫妻千万别讲理，夫妻讲理气死你。夫妻千万要讲情，越讲情义爱死你。只有用恩情、情义的方式，才能让家庭和谐，让双方的父母放心、安心、省心。夫妻和，是"孝在中"，也是对四位老人最大的孝顺。

我太太结婚收到最贵重的一个礼物是一个金手链，可是我太太没有自己戴，她很有智慧，拿到金店换了两对金耳环，给她的妈妈、我的妈妈一人一对。我都有点舍不得。当时我就在想一个问题,男人的肚量并没有女人大。男人有时候还会斤斤计较,反而女人会非常大度。我去讲课之前,太太就问我说:"需不需要我听啊?"我说:"你不用听。"她问为什么,我说:"你是我的老师啊!你的言行举止足以使我非常惭愧,不断督促我更好地去落实自己所讲的内容。"

所以人生的幸福不是在于你懂了多少,而是在于你做了多少。在做的过程中,自然而然就会体现传统文化知识的涵养。靠喋喋不休地讲授,教育别人,是不行的。我常讲,我们用了两到三年的时间学会了说话,可是却要用一辈子的时间学会闭嘴。因为我们言语的杀伤力太大,我们不知道说哪一句话能助人,哪一句话能害人。

我在一本书上看到过一个故事。有一个乞丐,他看到庙里有一尊菩萨天天坐在莲花宝座上接受大家的膜拜。他非常羡慕,于是就跟菩萨讲:"菩萨,你能不能下来,让我坐上去也享受一下大家的膜拜。"菩萨就说了一句话:"你坐在上面可以,只需要闭嘴不说话就好。"这个乞丐一听,说了声"好"就坐上去了。正好一个富人来拜菩萨,带了一袋钱,一边拜菩萨一边求,希望生意越做越好。他走的时候不小心把钱袋掉在了拜菩萨的蒲团边上。

这时正好一个穷人也来拜菩萨。坐在上面的乞丐想说话,可一转念,菩萨讲了不能说话,他就没说话。这个穷人拜菩萨的时候说:"菩萨啊,求求你,我家里面母亲生病了,需要钱。你能不能保佑,让我有一笔钱,好给母亲治病。"穷人头刚一磕下去就发现了这个钱袋:"哎呀,这菩萨太灵了!"穷人就拎着钱袋走了。

过了一会儿,来了一个渔夫,要出海打鱼,也来拜菩萨:"求菩萨保佑我,不要遇到大浪,平平安安地出去,平平安安地回来。"正在渔夫磕头的时候,富人带着官府的人过来了,抓住了这个渔夫说:"我的钱袋呢?你是不是把我的钱袋拿去了?"渔夫说:"我没看见什么钱袋啊。"富人说:"我明明就丢在这个地方了,你怎么没见呢?你是不是藏起来了?快把他抓起来!"这时候乞丐忍不住了,说:"不是他,是刚才那个穷人把钱袋拿走了!"于是他把事情的经过前前后后讲了出来。讲完以后,渔夫被放走了,结果去海上遇到了大浪,去世了。穷人因为钱又被富人要走了,他的母亲得不到医治,也去世了。这时,乞丐真是后悔啊,如果他不多嘴,渔夫就会被抓起来,他出不了海也就能躲过一死,穷人也就有钱给母亲治病了,他母亲也不会去世。菩萨对乞丐讲,本来一切都是最好的安排。

在对周围的人或者某件事不满意的时候,我们急躁甚至暴跳如雷。这样实际都是我们自身涵养、德行和人格魅力不足的体现。古人讲，话多不如话少，话少不如话好，话好不如无话。所以在家庭中，真的不要一味讲理，更不要喋喋不休。我们要不断提升自己的德行修养，在言语上面提升，在行为上面提升，在心性上面提升。这在处理家庭矛盾的时候是非常重要的。

我跟太太在很多事情上都特别有默契，经常我没有想到的事情太太早就想到了，所以家和万事兴。祝福新婚的夫妻时常说"百年好合"。这个"合"字大家有没有注意，上面是个人字，中间这一横是脑袋，底下是个口。代表夫妻二人思想要合，言语要合。夫妻齐心，其利断金。作为太太，要常扬丈夫之德。作为丈夫，要常扬太太之优。

搞好婆媳关系的秘诀

很多人说婆媳关系千百年来都难处理。我讲了婆媳关系难处理的原因，不怪女士，怪男士。作为儿子，如果不能做好中间人，不能处理好自己这一生最重要的两个女人的关系，代表这个男人无能。一个是给予自己生命的母亲，一个是把一生交给自己的太太。最至亲的两个人都没有办法让她们关系处得融洽，这是男子有过失。我家处理这个事情特别简单，我经常在我妈妈的面前夸老婆特别好。母亲说儿媳妇不好的时候是心疼儿子，怕儿媳妇对儿子照顾不周，所以才总挑儿媳妇的毛病。经过我这样一调和，我妈经常在外面给人讲："哎呀，我儿子都没我儿媳妇孝顺。你都不知道，我儿媳妇对我有多好。"母亲节、中秋节、过年的时候，双方父母的红包都是由我太太亲自分好，给他们双手承上。要是过生日的时候，我们一家人还会磕头礼拜。

我经常讲，活着给父母一碗水，增福无量，死后为父母花千两金，也是地狱之鬼啊。所以我们要厚养薄葬，提倡节俭之风，这是我们现代社会大力提倡的，非常重要。

我最近看到一个媒体报道，说一个地方厚葬，父母去世了，送葬的队伍达几公里，又是唱又是跳，热闹非凡。我感到特别悲哀。为什么呢？他们不懂得作为子女，厚养父母，薄葬父母，才是尽到孝道。只厚葬却忽视了厚养，是认贵不认亲，视为悖德，也视为悖礼。同时，这还滋生了一个不好的葬礼习惯，会让后代子孙为丧葬老人背上很重的债务。在很多地方，夫妻为扬自己的孝名，请人代哭，请人代葬，请人代祭墓。代祭墓非常有意思，子女去不了，让人代为扫墓，代他们在墓上哭，还拍成视频发过去给他们看。这种行为是非常不好的。我们提倡家庭对老人厚养，一定不要让自己的父母和岳父岳母因为钱，不好意思问子女开口。我父亲和母亲的衣服都是我太太去买的，而我岳父岳母过节时候的红包都是我给封的，双方父母过生日我带领家人去磕头行礼，所以两亲家之间关系非常融洽。我们家从没有婆媳之间的摩擦，甚至我妈妈还跟我两个妹妹讲："你们两个只要有你嫂子对我一半好，我就知足了。"

很多人说家里婆媳关系特别紧张，我就想不通。为什么会出现这种现象呢？原因是作为儿子，处理关系不当。我家开始的时候也有这种情况，我给妈妈钱，妈妈就问我："你老婆知不知道？那她怎么没给我啊？她要是知道了，你们夫妻两个生气怎么办？"我才知道，原来这个事情非常严重，在自己的父母面前一定要扬妻子之德，作为妻子，在岳父岳母面前一定要扬丈夫之德。我经常这样做。所以后来我丈母娘逢人就说："哎呀，我女婿比我女儿孝顺。"我太太听到以后心里非常美。所以人要争着当"坏人"，不要抢着当"好人"，在双方父母面前也是如此。夫妻之间尽孝，也是非常重要的，不光是方式的问题，还有言语的问题，还有微笑的问题。

我们给父母一个好脸色，父母花你的钱、吃你的饭心里就会非常舒畅。如果父母花一点钱，你就哭丧个脸，好像别人把你们家孩子抱走了一样，那父母心里肯定也会非常痛苦。

夫妻之间孝养父母的方式，要善巧，也要方便。善巧是用方法，方便是要让父母不会觉察到你是刻意去做的。久而久之，我们对双方父母真诚的孝心自然就会流露出来。

我经常讲，作为一个男子，要想让媳妇对自己爸妈尽孝，那你首先要对岳父岳母尽心尽孝，用你的言行感动太太。很多朋友问我太太："你怎么对你的公公婆婆这么好啊？"我老婆说了一句话："没办法嘛，我老公对我爸妈好的那种程度把我感动得不行。"所以如果你的老婆对公公婆婆不好，证明你对岳父岳母还没有尽到孝。女人太不容易了，我经常讲，人家的父母养个女儿，不吃你家的饭，不穿你家的衣，养到二十多岁，出嫁后离开亲人，离开近人，进到你们家里。你都不能像对待自己的父母一样对待人家的父母，她的心里又怎会不伤感呢？她的亲人是父母，她的近人是手足兄弟。所以我对孩子的舅舅也很上心，帮他找工作，也帮助他结婚。我和岳父岳母以及太太讲，我们这边兄妹三个，你们那边姐弟两个，全世界七十亿人中，只有我们是最亲近的人，大家族也不超过上百人啊，我们珍惜都来不及。这种方式非常简单。

那夫妻之间又如何相处，才能让双方的父母觉得更幸福，晚年更有精神依托呢？作为夫妻千万别生气。我经常讲，家里没有什么大不了的事情，作为一个人，我们只要第二天早上起来还能穿上鞋，就是全世界最幸福的人。有那个时间去吵架、攻击对方，还不如积极地学习，想办法把家庭经营得更好，把企业经营得更好，用生气吵架的时间帮助更多的人。

做顶天立地好男人

爱三个人：爱父母子女，爱妻子，爱自己

要做一个好男人，要爱三个人，做三件事，养三种性格。要爱哪三个人呢？第一，要爱父母子女。一定要对生你的人尽职尽责，为他们养老送终，这样的男人才叫顶天；还要把你生的人培养成才，成为社会的栋梁，这样的男人才叫立地。顶天立地的男人，就是能对父母尽孝，对子女尽责的男人。这是男人应该做的事情。上能养父母，这叫知恩报恩；下能把子女教育好，这叫为

国为家。每一个家庭的孩子都是祖国未来的花朵，我们不能自私，如果不能把他们培养成为对社会国家有用的人才，我们就会愧对列祖列宗。因为子孙是祖宗之血脉，我们要用圣贤教诲去教育他们，用言行举止去影响他们，这是非常重要的事情。所以男人一定要爱父母，爱子女。

第二个要爱的人是谁啊？妻子，她把一辈子都交给了你，所以要对妻子负责任。糟糠之妻不能下堂，不能有了钱以后就换老婆，这样的人品是有问题的。男人一定要明白这个道理，负担起家庭的职责。因为你一旦抛弃了妻子，最伤心的是他的父母，这是个非常严肃的问题。要落实娶她时对她的承诺，一言九鼎。所以第二，我们作为男子一定要爱妻子。

第三，一定要爱自己。因为你是1，所有的财富和家庭都是0，自己要倒下了全部就都归零了。我们爱自己就不要干什么啊？不要染恶习，不要赌博，不要吸毒，不要多饮酒。我们不要做一些损害自己的身体和德行方面的事情，让父母操心，让妻子担忧，让子女以你为耻。

做三件事：爱国，有社会之责，有家庭之责

那作为男人要做哪三件事情呢？作为男人，有顶天立地大丈夫之责。第一，做任何事情，处处以爱国为主。这个非常重要。因为国是大的家，家是小的国，有了国家的繁荣昌盛，我们中华民族才能立足于世界，才能在世界上有一席之位，全球民众才能看得起中国人民。

第二，作为男人一定要有社会之责。做事情一定要符合社会利益、大众利益，不要自私，不要自利。这是非常重要的。人一自私，肚量就小，人一自利，就会飘飘然，容易违法乱纪。所以男子一定要有社会之责。

第三，男人一定要有家庭之责。要把家族、家风、家道发扬光大，把我们所做的、所经营的事业发扬光大，让遇到我们的人能在我们身上看到、学到、领悟到真正男人的涵养、德行和人格魅力。这样的人在人生这百年之中才不会空过。这就是男子一定要有的三份责任。

养三种性格：性刚，心刚，身刚

那作为男人还要养哪三种性格呢？第一，性刚，没脾气。我经常讲，大丈夫，上等之人，有能力没脾气；中等丈夫是有能力，有脾气；下等丈夫是有脾气，没能力。我们古人创造的"怒"字怎么写？这个字非常有意思，发怒的"怒"字上面是个奴隶的"奴"，底下是个心脏的"心"，当人一发脾气，一有情绪的时候，就会伤害到他人。

我在一本书上看到过这样一个故事。说有一个人脾气不好，在公司里面遇到了点波折，回到家里以后就把孩子打了一顿。孩子比较窝气，看到他们家的猫窝在一个地方睡着了，就踢了猫一脚。这只猫无缘无故挨了一脚，就窜到了马路上。一个开车的司机在躲避这只猫的时候出了车祸。想一想，我们在发脾气的时候很有可能会直接、间接伤害到很多人。

所以，能控制自己情绪的人就能控制自己的未来，这个非常重要。我讲风水学的时候讲过，男人是风，女人是水，夫妻和谐就是上等风水。

我们常说"和合"，一个是家庭的"和"，是一个禾苗的"禾"，一个"口"，人人都有饭吃；一个是夫妻的"合"，是"人"字下面一横，一个口。这两个字同音，字不同。

我们要明白，夫妇要是思想、言行举止真正地合了，对家庭的兴旺是有帮助的。要是一个家庭和了，这个家庭里包括了双方的父母、双方的兄弟姊妹，这样的家族一和就叫家和万事兴。所以，男人要做什么样的风呢？男人要做德风，柔风，清凉之风，这个非常重要。真正能做到柔的男子就可以有四两拨千斤的力度。

作为男人，如果怕太太，你就是最容易发财的人。要是天天欺负太太，那你就是最容易破财的人。为什么这么说呢？我们想一想，夫妻之间这种关系，我把男子称为命，女子称为运，女子要是非常柔，气非常盛，就变成了"运命"，这个命就变成活的了。男子要是非常霸道，不讲理，没有男子的修养，就会变成"命运"，就成死的了。

在北京的时候，有个男士听我讲风水课，他讲了一句话："秦老师，你看我老婆旺不旺夫？"我听完以后就告诉他："天下女人都旺夫，关键旺不旺你这个夫，我就不知道了。"他就说为什么啊？我说："你要有值得女子旺你的地方，女子旺你这个柔风，旺你这个德风，旺你这个清凉之风，那男子就会福禄寿全。柔者心慈，仁者寿也，德者广被，有领众之能，这就叫有福之人。厚德才能载物，你才能享受五谷，享受阳光，享受你今天所有的物质生活。清凉者，所有暴躁、急躁、怨恨、仇视的人见到你这个清凉男子以后，都能把火消掉，见到你以后就能跟你学到很多东西，这叫男子真正的本分。"

作为我们男子，要是动不动就发火，发无能力的火，这叫奴隶之命，贱命之人。所以我经常讲，男人娶老婆就是疼她、爱她、让她高兴，她一笑变成元宝脸，怎么样？旺夫啊！你天天气她、伤她，她一哭，脸往下一拉，这叫什么？克夫啊！那眼泪是财啊，她流的眼泪越多，你的财赔得越多啊！所以女人是一个家庭风水的源头。我们男子就要反省，你是不是柔风，是不是德风，是不是清凉之风？在这个家庭起到什么作用？一个男子如果连自己的太太都没有办法包容和理解，请问在这个世间你又有什么事情能做得完美？就算你对领导能忍能让，但很可能因为他是领导，你的忍让仅仅是为了委屈求全而已，并非发自真心。

所以男子，第一要改变自己的脾气，这个非常重要。男子要把自己变成台风呢？那是害人之风啊。男子要把自己变成龙卷风了呢？这叫殃国之风。大家都闭门不敢出啊！男子要做彬彬君子，把男子的德风、柔风、清凉之风这种传统流传出去，大丈夫才能够顶天立地。

男子第二个要养的性格是什么？心刚，没有私欲。在家里，对待自己的岳父岳母要像对待自己的父母一样孝顺。我经常讲，男人对自己的岳父岳母不孝顺，这叫脑子进水，这叫有病，为啥呢？人家养个宝贝女儿二十多年都能舍得嫁给你，你花点破钱都不舍得？男子要量大，福才大。你这么小肚鸡肠，如何能成大事？所以作为男子，在家里一定要对自己的岳父岳母尽到孝。

作为男人，在工作中切不可因私损公，不能因为自己的私欲去做一些违理的事情。因为因私损公的事情非常严重。我有个朋友在部队是军官。他碰到过两个算卦大师，都算他到现在这个位置就再升上不去，就复员了。有一天他问我："我碰到两个大师，都说我就到这个位置上不去了，怎么办？"我告诉他："你在为官的时间，有没有做过违心的事情？"什么叫违心？因自己之利，损害国家之利。他说："没有。我听你讲，公车都不能私用,所以我办私事从来都不开公车。""你既然都这么做了,我告诉你,你还要升官哦!"两个大师给了相同的推断,但是他并没有停止升职,去年在单位当上了一把手。更神奇的事情是什么呢?他太太也是一个军官,怀孕六个多月,医院检查说这个孩子有可能是畸形,建议她打胎,不要再怀了。这位朋友特别痛苦,于是来问我。我说:"孩子的事情,大部分厚德之人不可能有夭折之子孙。你在为人处事上面有没有缺德?"他说:"什么叫缺德呀?"我说:"你对你岳父岳母怎么样?"他说:"非常好。"我说:"你对你父母怎么样?"他说:"也非常好。"我说:"那这就行了,你既然对两边的四位老人都非常好的话,这就叫'四平'。既然'四平'了,你的人生就会'八稳',你怎么能遇到这样的波折呢?"

什么叫"四平"呢?过去的月饼,非常有内涵,哪像现在的月饼就是卖包装的。过去的月饼是四摞八个,这叫"四平八稳"。月饼当时是给长者送的,送给自己的岳父岳母,送给自己的父母,这是中国的传统。因为那个时候月饼非常稀少,做得非常酥,老人吃着非常舒服。我还记着小的时候走亲戚,去看爷爷奶奶的时候才会买一点，还是纸包装的，看起来四平八稳。

"八稳"指什么啊？"八"指东、南、西、北、东北、东南、西北、西南，八个方向。一个人要是懂得了孝顺自己的四位老人，这个家和，万事则兴，你就会四平八稳。

我说："你既然已经孝顺了四位老人，你肯定诸事大顺，人生平稳，又怎么能有波折呢？"他们最后没有听医生的话，强行把这个孩子生了下来。现在这个孩子将近三岁了，非常聪明，一点毛病也没有。后来他带着孩子去见医生，医生都吓一跳，说："这就是我检查的那个孩子啊？"他说："是啊！""怪了，我检查是畸形，怎么生下来这么健康这么好！"

孝顺父母，叫"护根"，根深枝叶自然就茂盛。当大风来临的时候，树根只要不动，树干再摆，等风暴过后枝叶依然茂盛。要是树根一动，这棵大树就没有了营养，就会死掉。

在工作中，作为男子要心中无私，千万不要"爱厂如家"。我遇到一个朋友，他女儿得了精神病。她有个习惯，父亲只要下班一回来，她就抽父亲耳光，抽完以后就进自己房间去。他父亲也不敢打，说一打就怕孩子自杀。在听我讲风水课的时候他就问我一个问题，他说："秦老师，我这是造什么孽了？"我说："你在单位管什么啊？"他说："管仓库。"我说："你可能爱库如家，库里有的家里都有。"说完他就没说话，下来以后才跟我讲，库里面凡是有的东西，小到螺丝，他都想尽办法要把它转出去卖掉。他说他把库里面的东西卖完以后，自己都盖了一个房子。我说："怪不得呢！按作用力和反作用力讲的话，你侵占了国家的公共财产，你的祖先蒙羞了，觉得好不容易培养一个子孙在国有企业上班，可是你自私自利，'爱厂如家'，'爱库如家'，所以祖宗没有办法，就让你的孩子来收拾你。为什么打你的脸呢？这叫损祖宗之颜面。"我们想一想，是不是？他问我怎么办，我说："那你就想想，折合人民币多少钱，把它捐赠了嘛。说不定你孩子就好了。"他照我方法做完以后，他的孩子精神病真就好了。

过去常讲的"头顶三尺有神明"，这个神明是什么？第一个神，在我们的脑袋，这叫天性；第二个神，在我们的心，这叫禀性；第三个神，在我们的行为，这叫习性。用天性做事的人，是真善美，处处为他人着想，这叫上善之人；用秉性做事的人，是半善半恶。大家可以做个试验，看到一个乞丐来的时候，我们的天性会先发出信号，大部分的人都会有个念头："哎呀，这乞丐来了，给他点钱吧。"秉性马上出来跟天性来个较量，说什么呢？"哎呀，这是不是骗人的啊？"秉性一产生念头以后，就会控制习性，我们的习性就会制止："我这挣钱也辛苦得很，就不给了。"我们的天性就是神明，按中医讲就是什么呢？就是精气神。所以古时候讲，天有三宝，日月星，地有三宝，风火水，人有三宝，精气神，养得三宝，天地通。我们要是把人的精气神三宝养好了以后，你就能通天彻地。这种通天彻地就是我们随时随地都能观察到自己天性里面的杂念，秉性里面的杂念，习性里面的杂念，把纯善的东西体现出来。所以男子心中不能有私，这个非常重要。

男子第三个要养的性格是什么？身刚，没有吃喝嫖赌吸等不良嗜好。我们的身体是什么啊？是载道之具，行道之器。我们的身体要用来积功累德，要为国为民广作贡献，不然我们百年也是枉活。

男人要"三刚"，性刚没脾气，心刚没私欲，身刚没有不良嗜好。这样的男子做事，我告诉大家，心想事成。

我在学习《弟子规》，落实传统文化的时候就要求自己，幸福人生要去落实。你首先要是一个有福的人，你有福了以后，才能给大家带来幸福。这个非常重要。

记得有一年我跟老板去上海出差，然后坐飞机回北京。一上飞机我就跟老板说："老板，我这人爱说实话，我坐上这个飞机以后我就在想，我们要遇空难。"老板说了一句话："你个乌鸦嘴！刚坐上飞机就说这话。"谁知道很有意思，坐上飞机以后，飞机舱门都关闭了，

第三讲　家庭和睦是一切幸福的源泉

滑出了跑道，机组人员通知我们，飞机出现故障，让我们换乘。可谁知道，过了半天，机舱门也打不开。本来晚上八九点钟就能到北京，结果凌晨三点才到。老板从那之后说，以后坐飞机去任何地方，都要把我带上。

我们要把自己变成有福之人。我是怎么有福的呢？我就常用天性做事，指挥秉性，把行为控制好，一切恶习不做，一切恶念不起，一切恶心不生。这样就有福了嘛！

从那以后我发现自己坐飞机都比较顺利。我来昆明的时候，咱们主任跟我讲，说昆明的机场比较特别，建在雾区，飞机经常晚点，结果我们坐的那次航班还比较准点。我经常坐飞机，很少晚点，顶多晚十几分钟。有一次跟一个朋友出差碰到晚点，他说："秦老师，今天怎么晚点了？"我说："说不定那边有雷阵雨啊。"他向那边的朋友一问才知道："哎呦，真是雷阵雨哦，飞机是起飞不了。"

我们要把自己变成有福之人。别人碰到你以后，都会受你的福所护佑。这种福就是我们的善念，就是我们的德行，就是我们的慈悲心。这个非常重要。

昨天晚上有个事情非常有意思。我睡觉的时候，有

做个有福人

个蚊子绕着我嗡嗡转。我起了个善念,心里说:"蚊子,你咬我可以但别咬脸。我第一次来昆明要给大家一个好形象。你别在我脸上叮个大包,影响视觉。讲得再好,给人的感觉不舒服。"我当时还在想:"你咬的时候得注意,别让我睡觉的时候一巴掌把你拍死了。你看看,你吃我一口血,我要你一条命,太不划算了吧!"结果蚊子就没咬我,我呼呼睡到早上。我心里想蚊子跑哪去了,会不会肚子饿呀?刚一想完,蚊子又来了,转了一圈就飞走了。你看,这昆明的蚊子都这么善良,太了不得了。

人心不能自私,这个是非常非常重要的事情。我曾和朋友们一起去普陀山,可当我们到码头的时候正好赶上台风。码头坐着很多去拜观音的人,人山人海。我朋友说:"台风要是停不了,咱们今天就上不了普陀山了。"我说:"别急,我去售票处问一问。"跑到售票处就问人家:"怎么今天有这么多人在这里没坐船啊?"售票员说因为台风。我说:"那什么时候台风能停可以买票啊?"他说:"这个我怎么知道。"刚话音一落,他说:"呦,系统可以售票了,那证明台风没有了。"人家坐在码头等了一上午,我这一去就把几张票买到手里了。所以我们老板经常说,我要去哪里都要把你带上。

所以我们每一个人,要让自己变成一个福星,让别人看到你以后,能生出欢乐心,能生出祥和态,这个是非常重要的事情。我是怎么练习的呢?每天早上冲着镜子微笑五到十分钟，自己觉得非常可爱了才出门。我练习了一年。大家知不知道，我过去耳朵不大，谁知道从每天一笑以后，耳垂变大了。我还在想，这乐一乐，心宽体胖，体重增加了，耳垂都变大了。我把这个方法告诉大家。这样的话，你一天见到的都是可爱的人。如果你天天哭丧着脸出门，别人看到你以后也都会是倒霉相。

我经常讲，乐一乐天堂有座，愁一愁地狱开门。乐招神，愁招鬼。乐为什么招神？人的笑是一种宣泄的方式，内心的压抑、内心的不痛快，因为一个微笑就宣泄出去了。我们要是一愁，就会聚集负面能量，就会生病。所以我经常讲，化解人与人之间的矛盾、家庭的矛盾，拉近人与人之间距离的方式，就是让我们每一个人笑得像元宝一样，这叫招财招贵的脸。

我记得有件非常有意思的事。我在给我们总经理当助理的时候，总经理说我不会笑，我就练习了一年。有一次给董事长汇报工作的时候，董事长心情不好，看我笑得那个灿烂啊，一下气消了，于是就给总经理打电话说："把他调过来给我当助理吧！"所以笑也能帮助别人降火。

所以我就讲，男子要做清凉之风，柔风，德风。别人想发火，碰到你的时候火气自消。有的男人说："我太太脾气太厉害，我控制不住她。"我就告诉他，这证明你这个消防队员灭火技术不到位。我太太要是发脾气，我就冲她一笑。"你把人气成这样，你还嬉皮笑脸，还笑。"她这话一说，也就不生气了。

所以男士要做好消防队员的工作，常消太太之火，这个非常重要。太太在你跟前发火，证明你不是德风，你的德不能让她服你；你不是清凉之风，她遇了你以后不能止怒；你不是柔风，她见了你以后没有感觉到一点舒服。你说她不发火往哪去啊？她不发火就憋死了！只能冲你发发火，是不是？

所以男子要"三刚"，性刚没脾气，心刚没私欲，身刚没有不良嗜好。用这种方式去做的话，常遇贵人。因为贵人是阳光的，小人是阴暗的。常乐就阳光，常愁就招阴。你看我这一笑，给我们董事长做了助理了，工资也涨了。所以我说，笑像元宝招财招贵，就是从这里来的。招财，工资涨了；招贵，碰到董事长了。所以微笑真是非常重要。男子的"三刚"一旦做好了，精气神就足，精气神一足你就能通天彻地。所以我们要去落实，男子就要不发怒，量大福大，不生自私自利的念头。

我记得有一次在北京讲课，是个小课堂。一个男士听完课后才回到家，他的太太就过来跟他说："我聊了一个网友，比你有钱，有车有房的，我要跟网友走了。"

这位男士当时一听，那个气噌地就上来了，就想把他老婆打一顿，但是同时心里也在想："秦老师讲了每个人都是自己的命运设计师，我要把我的命运设计设计，我不能发怒。发怒的男人就是奴隶命、贱命。我过去经常发怒，经常打老婆，所以老婆要跟人跑，这怪我自己。"他就真的没发怒，就问他老婆："你们约的几点走啊？"太太说："我们约好了六点半，他的车来接我。"他说："这马上就到了，你这就要走了呀？你能不能明天走？""为什么？明天和今天有什么区别？"他说："你嫁给我这十几年不容易，我听你说人家有车有房有钱的，我怕你在人家花人家的钱，人家看不起你。你看，现在这时间银行也关门了，等明天早上九点多银行开门以后，我把咱们家存的十几万全取出来给你，你就带走吧。你在人家家里，花自己家里的钱。他要是对你不好的话，你就记着，我跟孩子在家里永远等你。"这一句话一说，他太太放声痛哭，说："哎呀，你怎么变成这样了？我想你要是把我一打，我也就没什么内疚地走了。你这倒好，我要跟人跑了你还要把钱给我，还怕我在那个地方生活不好，你还和孩子在家里等我。"这位男士才讲："我听一个老师讲，男人要'三刚'，男人是风，要当柔风，德风，清凉之风。我从前是暴风，龙卷风，害人之风，所以家庭出现问题原因在我，我改正。"

后来夫妻两个人见我以后特别激动。这位男士说："秦老师，我照你的方法设计了一把自己的命运。本来我的家庭是要破碎的，按照你教的方法一做，我的家庭变幸福了。我知道了一个男子要如何做好'三刚'，做好'三风'。"

我们再想想，夫妻关系一旦好了以后，谁最高兴啊？双方父母高兴，真的是这样。

好女人撑起半边天

爱三个人：爱父母，爱丈夫，爱子女

那女人如何去做？女人也要爱三个人。爱谁啊？爱父母，爱丈夫，爱子女。

女人任务重啊，大家可以想想，所有男人都是女人生的，是不是？大家同不同意？要不同意就麻烦了，像《西游记》里面的孙悟空一样了。我们想一想，女子是人的来处，所以古人对女子的推崇、对女子的重视太有道理了。

女子一定要爱丈夫，在家爱丈夫如子，在外捧丈夫如天，因为他是一个家庭的形象。要经常在外面捧丈夫，不能老损丈夫之颜面，攻击丈夫。女人一定要懂得做女

人之道，这个非常重要。

养三种性格：性柔如水，心柔家暖，嘴柔家和

女人还要怎么做呢？要性柔如水。女子要做柔水，这是旺家之兆。你看这水，在任何容器里面，容万物而不争。古人讲，上善若水。男人要做柔风，德风，清凉之风。女人要做什么水呢？那女人首先要做净水，干净的净。净水泡出来的茶就是不一样，天然矿泉水和自来水泡出来的茶就不同，水质不同所以茶味不同。所以作为女士要让自己这个净水把男子这味茶泡得有滋有味，要助夫成德，不要累夫成罪。女子要永远给丈夫当好垫脚石，不要当绊脚石。所以古时候才讲，成功的男人后面有一个成功的女子啊！古人对这个非常重视。

另外，女人要做德水。你来到这个家庭以后，你要旺人家三代啊！女人要相夫教子，只有把你父亲和母亲的德行学到以后，你才有能力相夫，你才有能力教子。

女子来到这个家庭以后是推动这个家族、推动这个家道兴旺发达的，这个非常重要。女人要把自己变成德水，要有厚德，才能载得起丈夫，才能载得起儿子，才能让这个家庭兴旺发达。你的丈夫嫖娼去了，赌博去了，

都是你德薄所致，并不能一味地怪丈夫。

女人还要做养人之水。这个很关键，你这个水能不能养人？我经常讲，女人在娘家的时候要性如棉，像棉花一样，洁白，摸着是暖的，又能纺线，要多干活，少花钱。在娘家多干活，到了婆家样样都能拿得出手，婆婆就会对你另眼相看。人家娶儿媳妇是娶福气呢，不是娶受气呢！你来了以后样样都会做，这婆婆有福气啊。老太太坐在那儿笑微微，一家的福星。去了以后要是啥都不会做，老婆婆还要伺候你，你想想，婆媳关系肯定就会紧张。老婆婆就想，娶了这媳妇，我儿子命苦啊！这就让婆媳之间产生了隔阂。

女子出嫁以后要多干活，少撅嘴。古人讲，女子嫁出去，活着是人家的人，死了是人家的鬼。给自己家里干事，你撅啥嘴呀？要任劳任怨，这样才叫好干。你要任劳不任怨，这叫白干。

作为女子，不同时期身份会有不同，在娘家的时候要性如棉，出嫁以后要性如水。女人千万不要把自己变成开水、烫人之水，把男子烫出泡了，跑了，去外边找情人了。女子也千万不能变成洪水，这叫害人之水啊！要把自己变成红颜祸水呢？这叫殃国之水，这也是非常可怕的事情。所以女子不要把自己变成开水、洪水、红颜祸水。

女子是水，男子是风。我们坐在湖边，你看那个湖上的波浪，微风吹着柳条，那个景色就是人生的幸福景色。要是龙卷风一来，台风一来，水变成什么了？那开水一来，洪水一来呢？所以，天清地宁给世间生个贤孝子孙，天不清地不宁了，子孙就会败家殃国。

女人要性柔如水，这是旺家之兆。心柔家暖，嘴柔家和。女人要永远给丈夫当好小棉袄，千万不要把自己变成大冰块子、大木头疙瘩，让老公这边一摸是硬的，那边一摸是凉的。你说他不找情人找谁去？这是女子要做到的"三柔"。

做三件事：做好女儿好媳妇，做好妻子，做好母亲

女人还要做好三件事情——做好女儿尽孝、做好媳妇尽孝，做好妻子尽责，做好母亲以身示范。你要把夫家当成自己的家，顶起半个天。

古人非常有智慧，知道女人的重要性，就给女子提到"三从四德"。很多女士误解了古人的意思，说："秦老师，这是压迫女性。"我告诉大家，这不是压迫女性，而是古人对女子最高的推崇。为什么这么说呢？女子"三从"，在家从父，是学父之德，学习父亲的肚量，父亲的能力。出嫁以后，你才有资格，有能力，有智慧，有

厚德，帮助丈夫成就事业，相夫教子。

我遇到很多企业家，企业做得非常好，夫妻关系也特别好。有一个老板特别有意思，夫妻两个相处非常客气。男士有时候比较粗心，在外面听人家推销这好那好，他一想，老婆经常在家里很辛苦，就买了一大包东西，也不知道上当受骗了。提到家里以后，他老婆说："你看你，回来就回来嘛，还这么客气，买这么多东西。"然后赶快接过来放下，给丈夫倒了杯茶。这男的更有意思，说："茶好，水好，老婆冲得更好！"这就是上等夫妻，相互看人之优。有的家庭就不一样，男的大包小包提到门口，本身很高兴，老婆劈头盖脸："你又上当，你又受骗，你又胡乱花钱！"这男的下次想买也不买了，还陪你逛街遛弯？想都别想，那不是找挨骂去么。所以女子一定要给丈夫积极性。

我太太买东西我经常陪着。我一看，就说："很美，很好！快买，穿上就走！"然后把衣服给她装起来。所以我太太常常感到很自豪。她把一辈子都交给你了，买个破衣服你都不舍得，你说你这男的能干成啥大事？是不是？

我在山西有个朋友，是山西的首富。他告诉我，他跟太太是同学。他上学时不好好学习，想退学，太太就抽了他耳光，说："你没出息！你们家就你一个孩子，父母这么辛苦挣钱让你上学，就是为了光宗耀祖，你怎么能弃学？"他后来做了很多事情，都是因为太太的这种鼓励。他太太知道丈夫是什么样的性格，所以用这样的方法。

我还碰到过一个女士，她鼓励丈夫更有意思。她丈夫去上班几天就回来了。她说："你回来了呀。"他说："嗯。老板不要我了。""没事儿，你是一粒种子，早晚会有适合你的土壤，让你生根发芽。"他太太天天鼓励他，嘴柔家和。

女人一定要把家庭变成温暖的港湾。男人在外面遭受暴风雨以后，回到你这里可以疗伤，可以安养。你说他还跑出去干什么？什么赌博啊，什么嫖娼啊，你打他他都不去。

我在北京也讲过这个课。有位女士告诉我："秦老师，我要离婚。"

我说："你为什么要离婚啊？想想你老公的优点。"

她说："他没有优点。"

我说："你老公没有优点，你都想嫁给他，可想而知，你当时的肚量、涵养有多大。那证明你老公没变，是你变了。你现在没涵养，没肚量了。"

她说:"他过去有优点。"

我说:"那你想他过去的优点吗?你改改嘛!"

她说:"改什么呀?"

我说:"你给你老公打电话都说什么话?"

她说:"他半夜三更经常不回家,我一打电话就知道他喝酒呢。我就说:'你喝吧!早晚把你喝死!'谁知道老公在电话那边说话了:'我喝不喝死关你屁事!我要喝死,你还变成寡妇了!'"

你看看,电话里面就结仇结怨。反正这嘴巴好说也是说,坏说也是说,你为啥不好说呢?女人要嘴柔才能家和。

我说:"告诉你一个方法,能让你们不离婚。你下次给你老公再打电话就说:'亲爱的老公,你干什么呢?'他要是说喝酒呢,你就说:'你少喝点,我跟孩子的幸福全在你身上。'你要给足老公面子。他喝酒也不得已啊,是不是?我们还要说他对家庭有责任心。男人要捧,你要常捧他,他听了以后心里舒服。"

她说:"那我就试试吧。"

有一天晚上十一点多她给我打电话:"秦老师,不灵!我刚说个'亲爱的',他就把我电话给挂了。我过去骂他的时候他都不敢挂电话,说个'亲爱的'把我电话都挂了!蹬鼻子上脸,看我回来怎么收拾他!"

我说:"你别着急嘛!你这个'开水'尖酸刻薄,

他已经习惯了。你这一温柔,变成了净水、德水、养人之水,你老公不适应,因为他在过去那个火海中已经适应了。过一会儿你老公就给你回电话,你着啥急?"

大概五六分钟,她老公回了电话,电话里面这么说的:"您好,请问您是谁?您怎么用我老婆的手机给我打电话呢?"她说:"老公,是我。"他说:"啊?老婆你怎么了?我赶快回家!"他老公就回家了。这女士一听,要回来了?哎呀,真有效果!过去叫都叫不回来,这一说"亲爱的",老公自己跑回来了。拿双拖鞋放在门边,倒了杯热茶。听见老公开门了,端着这杯热茶,举案齐眉:"老公,请用茶。"她老公愣住了,说了一句话:"老婆,你今天怎么不正常?"这女士说:"老公,过去的我不正常,现在的我很正常。"她老公还不放心,额头一摸,没发烧,说:"你怎么今天变成这样了?"

她老公后来见到我以后跟我说:"秦老师,我有好日子过了!我要感谢你啊!"我说为什么?他说:"过去回到家里,我老婆不是翻包就是翻手机。我一说跟谁吃饭,她赶快电话求证,搞得我非常没面子。在公司就是没事我也要磨蹭,等黄脸婆睡着了我再回家。谁知道,我现在回到家里,她又是冲茶又是切水果,对我好得不得了。我才知道,我这么好。"

我们想一想,这个家庭你真的要知道如何去设计才行。

我还遇到过一个女士更有意思,听到我讲这个例子,回到家里也照这个方式施行了一番。她老公最后说:"老婆,你变成原来的你好不好?"她问为什么,老公说:"你这两天是温柔之水,过两天又变成暴风雨了。我每天回到家里还要观察你的脸色,看你是温柔水还是开水,把我弄得都不知道该怎么办了。"

所以坚持很重要。各位不要听我一说,回家让你老公高兴两天,过两天又变成暴风雨,时间长了你老公就得精神病了。为啥?不正常啊!

女士在企业里面怎么做呢?作为企业家的太太,一定要帮助丈夫稳固员工之心,这个很重要。我遇到一个朋友,非常有意思。她天天请部门经理吃饭。我问她为什么呢?她说:"我老公是唱白脸的,我唱红脸,不能把人都得罪光了。我知道我老公的脾气,我请这些经理吃饭就告诉他们:'其实我那位死鬼在家里经常夸你们优秀呢!只是面子上放不下。所以我请你们吃饭。'我给他们点小恩小惠。"你看,帮助丈夫拉近员工和老板的距离,这叫丈夫的福星,这叫丈夫的贵人啊!在工作中,太太一定要帮助丈夫。

我看到过一则故事，讲唐太宗李世民在位的时候，魏征被称为谏臣，经常死谏皇帝，很多事情把皇帝弄得特别没面子。皇帝回到后宫以后，气得说要把这个魏征给杀了。皇后是一位贤德之妻，听到以后就对皇帝说："恭喜皇帝，贺喜皇帝。"皇帝就说："你恭喜什么啊？""恭喜你真正得到了一个有能力讲真话的大臣。"皇帝一听："哎呀，有道理！"

所以作为太太，一定要当清水、净水、德水、养人之水，把丈夫的火给他压掉。

我儿子幼儿园同学的妈妈看了我的《精讲弟子规》，上面讲到夫妻如何相处。她在读这本书的过程中遇到一件事情。有一天她接到了一个电话。谁的电话呢？小三的电话。小三打来电话以后就说："你老公跟我好了十年了都不愿意跟你离婚，我现在把你老公扣押在我这个地方，你拿十万块钱给我，这叫青春损失费。"

这位女士在家里管两个孩子比较辛苦。她一听，心想："我像保姆一样在家里给你养孩子，你却在外面找小三，小三还跟我要十万块钱！你看我不把这对男女剁了！"她跑到厨房拿了一把菜刀，装在包里就要出门。站在门口,她转念一想:"不对,我老公跟人家好了十年都不愿意跟我离婚,那还是对我有感情。不行。"又把菜刀放下了。第二个念头又一起:"哎,给我老公请个保姆,要是管吃管喝管住,一月给两千,十年还要二十多万,这十年不管吃不管喝的,才给十万块钱,我老公占大便宜了。这十万块钱有啥呀?只要他回来,我孩子才有爹啊。"于是她就去银行取了十万块钱,把钱装到包里,笑得像元宝一样,敲开了小三的门,说:"谢谢你哦,这十万块钱给你,感谢你把我老公照顾得这么好,谢谢你。我能不能把他领走?"

那小三一看,气不打一处来,说:"快点走,快点走!"他老公出来后就给她说:"老婆,那十万块钱?""你看你这没良心的,你看人家多年轻,多漂亮,你请个保姆,一月两千,十年还二十多万呢!这才要十万块钱,你占大便宜了。"他说:"我对不起你!""你哪有对不起我啊?你和她好了十年都不愿意和我离婚,看来还是对我有感情,赶快回家吧。"

一回家这男的疯了,学会做饭了,天天给老婆做三顿饭,还接送孩子。后来他见到我说:"秦老师,我老婆看完你的书以后,我这个家庭才得救了,不然我早就被我老婆剁了。"

女子"三从四德",不是约束是爱护

家庭的幸福,女人占了多一半。为什么古人讲女子的"三从四德"?很多女士认为"三从四德"是古人对女子的一种约束,对女子的一种压迫。实际是错误的。我们的古圣先贤知道一个道理,即女人的双手不仅是推动摇篮的手,更是推动世界的手。她生养的孩子有可能成为世界性的人才,国家的领导人。

"三从",传承家道门风

女子"三从",第一,在家从父,学父之德;第二,出嫁相夫,用在父亲身上学到的德行和人格魅力,帮助丈夫成就大业,这是女子一生应该做的事情;第三,把自己丈夫身上的优点和父亲身上的优点聚到一块,用来教子。这样,孩子的起步就比别人快。我们现在的孩子为什么比别人慢呢?原因就是女子在娘家没有跟自己父亲学到优点,也没有把自己丈夫的优点教给自己的孩子,反而却教给孩子:"你看,妈辛苦啊,你爸啥都不管。"导致孩子既不敬父也不尊母。这种例子我碰到的非常多。

我太太没有学过传统文化,但是非常有智慧。昨天儿子给我打电话说:"爸爸,我想你了,我爱你,你上哪去了?"我太太说:"你爸爸上班去了。"孩子就说了一句话:"爸爸上班去了,怎么周六还上班啊?"小孩聪明啊。我太太教育孩子不一样。我太太说:"你看,你的文具盒,你的书包,都是爸爸上班辛苦挣来的钱买的呀。妈妈只是在家里管你而已,可是咱们家的生活都是你父亲付出所挣来的。"孩子才知道,原来我爸也很辛苦。我最近一段时间出差太多,儿子就给我提建议说:"爸爸,我妈妈每天给我做饭,送我上下学呢。出去玩的时候,我看别的小朋友都是让爸爸陪的,唯独我是妈妈陪的。"他给我提建议。我才知道,孩子心里什么都知道。

我经常讲,对家庭的付出和得到是成正比的。现在你孩子不孝顺,你受到孩子伤害。我告诉你,这是自作自受。什么叫因果?因果是哲学,如是因如是果。你现在所做的就代表了你未来享受的,从你现在享受的就知道你过去所做的。

很多人说孩子不听话,孩子叛逆,孩子不孝顺。我告诉你,我们都几十岁了,都叛逆父母,都不孝顺,还顶撞父母呢。孩子那么小,不跟你学跟谁学呀?所以,好的父母胜过好老师呀!我们要明白。你明白这个道理以后,就不会怪罪孩子的老师了。以前你老认为老师对孩子没有尽到职责,实际是你作为父母亏欠子女的太多了。老师已经尽职尽责了。现在的老师都已经不敢说不敢骂了，因为说完骂完你还可能去找校长，找教育局局长，老师就要丢饭碗。我们想一想，我们做错了。

女人的担子非常重。学了父亲之德，才有能力相夫；学了父亲和丈夫的优点，才有能力教育你的孩子。孩子有两个男士的思想和优点，你说你的孩子能不成才吗？可是我们现在呢？谁还能把自己父亲的优点传承下去？

人生的幸福从家庭教育开始，而不是学校。学校只是帮助人认识社会，适应社会，更好地适应团体生活。家庭才是真正培养人成德、成圣贤的地方。你要具备圣贤母亲的德，圣贤父亲的德，你的孩子自然就会出现圣贤之味，圣贤之德。如果我们天天做缺德的事情，你想想孩子受到的会是什么教育？所以家庭教育非常重要。

我的太太非常有意思，她没背过《弟子规》，没有听过我的课，也不知道传统文化论坛。她教育孩子的方式完全是受家风的影响。我太太出嫁的时候，她的妈妈就跟她讲："你要以后对你的婆婆不好，你就别来见我。我丢不起这个人，人家会说我教育的女儿没有教养。"我就问丈母娘："你怎么跟我老婆说这话啊？"我丈母娘讲了："我妈给我说的。"你看看，老一代人的话，后代人传下去，这就叫家规门风啊。

我才知道，原来是太太的外婆跟我丈母娘讲完，丈母娘把这句话传了下来，我才能遇到这样一位贤惠的太太。我也是一样，因为受到爷爷的教诲，我才能不搞婚外恋，才能对太太好，才能孝顺父母。这是长辈一句一句言传下来的。我没有上初中高中，也没有上大学，但是我受到了良好的家庭教育。所以家庭是孩子一生幸福最大的基石。

家庭是个温暖窝，还是个暴躁窝？是个造才窝，还是个造祸窝？全在女人身上。这个非常重要。夫妻和谐，孩子会觉得家里特别幸福，孩子就没有暴力倾向，犯罪率就会大大降低。要是家庭有了暴力倾向，孩子心情就会特别不顺。

我遇到过一个家庭特别有钱，孩子才五岁。我跟他聊天，你猜他跟我说什么？"叔叔，我觉得我也很幸福，我玩具特别多，我想要什么就有什么。可是我爸和我妈经常吵架，他们一吵架我就想离家出走。"我才知道，哦，原来孩子的物质生活达到了满足，精神生活太缺乏了。现在很多孩子有抑郁症、精神病，都是被父母害的呀。

孩子在学校受到老师训斥以后，作为家长，尤其作为母亲，不能帮着孩子说老师不好。你要问孩子："孩子，老师为什么说你？"孩子很诚实，就会说："因为我干什么了。"那母亲就教育孩子说："你看，这个你

第三讲 家庭和睦是一切幸福的源泉

确实做得不对，做错了。老师说你的原因，是老师关心你，爱你。为了帮助你，他才说的。"这样孩子跟老师之间的矛盾也就化解了。可是我碰到很多母亲不是这样。老师电话打到家里来说："你孩子这样做不好。"孩子母亲就说了："不可能！"老师说："就是你孩子啊！"母亲说："唉，都是被坏孩子带成那样的。"你看，推卸责任啊！

"三从"，从父、相夫、教子，这是女子的本职。女子不要做女强人，女子要柔能克刚。一个女强人把丈夫都强得没有了，都离婚了，请问这样的女强人有什么用呢？我听到一个老师跟我讲，她是一个大企业家，非常有钱。她到名牌大学学 EMBA（高级管理人员工商管理硕士），同学有四十多位女老板、女强人，三十六位离婚了，还有几位准备离婚，就她一个没离。她一想，这女强人要是强到丈夫都没有了，我哪敢当呀？于是她就回家了，不再想当女强人了。

什么是真正的"强"？女人能柔则强。男人不发怒就叫强。不是你发脾气就叫强啊！我们要懂得这个道理。人要不怒自威，这才叫强。孔夫子有没有要求我们向他鞠躬？没有呀。几千年前的老人家，我们到现在都十分尊敬他，美国国会都祭过孔。

我们懂得这个道理之后就明白了，原来女子是以家为荣，丈夫是以业为荣，业就是工作。妻子要助夫成德，不要累夫成罪。妻子永远要给丈夫当好垫脚石，不要当绊脚石，这才叫真正的女子之德。

我到湖南碰到一个市委书记，他的家风特别好，太太非常贤惠。他的太太在家里，任何人到家里送礼，都敲不开门。一敲门她就会说："你找他有事？有事请去他的办公室，他有秘书。家庭是他私人生活区。"送礼人说："我们是好朋友，送点东西。""既然是好朋友，你就不要害他。"你看看，是不是？多少官员出问题，为什么？太太不贤惠，在家里收礼，把丈夫收到监狱去了，把孩子送进监狱去了。钱太多了，没用。什么时间有用？贪官污吏贪得太多，判刑的时候有用。钱不能要我们的命，可是如果是违法得来的，一定会要我们的命。这个就在女子啊，女子非常重要，太了不得了。

我在单位，凡是印着单位名称的东西物品，我都不敢拿回家。拿回家老婆就会问我："你怎么把单位的本拿回来了？"我说："顺手拿的。"她说："顺手拿的？你这一个小小的行为，对孩子就能造成恶劣的影响。"我才知道，不能以恶小而为之啊！所以我今天的成就感谢谁？感谢我太太。我太太随时随地都在纠正我存在的恶习。所以我经常讲，成功的男人背后都有个成功的女人，我相信。我太太的肚量比我大，涵养比我好，修养比我好，学识比我高，明理比我明得好。我太太非常了不得。为什么呢？太太家风好。她嫁给我之后，就把学到的岳父岳母的德行教给了我。

我的丈母娘对她的婆婆孝顺到了极处。在当地只要提起我丈母娘谁都夸："哎呀，那是孝顺的媳妇，比儿子还孝顺啊！"这是结婚之后我才知道的。去看我丈母娘的时候，满村人都说："你丈母娘在我们当地可是名人啊！她婆婆生病了，你丈母娘每天给做饭、陪床，从来没有一句怨言。"这种家风又传到了我太太手里。所以我太太才能把我相扶好，才能把孩子给教好。

所以，女子的"三从"非常重要。这个"从"不是盲从，是学父辈的优点，助夫，教子。

"四德"，积聚正能量

那女子的"四德"是什么呢？这就讲到胎教了。古人知道，孩子有可能就成为国家的领导人，甚至世界性的人才，所以要求女人在怀孕的期间，第一，眼德，眼不可恶视。这样生出来的孩子慈眉善目，不然生出来的孩子老翻白眼。大家有没有注意，有的孩子爱翻白眼，这一般都是母亲在怀孕的时候老翻别人，孩子在胎教的时候就已经受到污染了。眼的厚德就是慈眉善目，让人看到你的眼睛的时候，感到身心愉悦，而不是感到恐慌。天天翻白眼，对别人恶视，这叫眼睛缺德。

第二个，耳德。女子怀孕的时间，耳不听是非，只听圣贤教诲。我碰到过一个学传统文化的老师很有意思。她在怀孕期间天天听《弟子规》。孩子出生以后，只要哭，她一放《弟子规》就不哭了。我们想一想这胎教的力量大不大？这是真实存在呀。所以要有耳德，坚决不听是非。现在很多人的耳朵和聋人耳朵一样，有的还不如聋人耳朵。为什么？聋人的耳朵听不到，没有是非。我们听了别人的话，会暴跳如雷，甚至会手足相残。

我碰到的这样的例子特别多。别人一说："你妈偏心眼，对你弟太好，钱都给你弟了。"听了回去就跟爸妈生气，跟爸妈打架。这就是耳朵不听正言，不听圣言，只听是非之言，挑拨离间之言的结果。

所以第二德是耳朵的德，听圣贤教诲之言，耳朵就有德了。你要天天听是非，这叫耳朵缺德。那你的孩子以后也爱听是非。一听是非，骨肉相残；一听是非，家庭受损啊。我们要想让自己的孩子不听是非，在怀孕的期间就要不听是非。别人说你婆婆不好，你就说"她再不好也比别人好"就完了，有什么呀。来说是非者必是是非人。我们永远记她的好处就行了嘛。

那第三个德是什么？嘴德。女子怀孕的期间，说话千万不要尖酸刻薄，不要说是非。不然的话孩子就会废话很多，而且生的男孩以后会婆婆妈妈，像女人一样。这都是因为我们不懂得守口如瓶。如果生的女孩像男人一样，也是因为在怀孕期间胎教没有做好。为什么？女子本来柔，你怀孕期间暴跳如雷乱发脾气，女孩就传染了暴跳如雷的习气。所以第三个，要守嘴德。

女子怀孕期间第四德就是行为德，行为端正。坐有坐相，站有站相。不然的话，你的孩子以后上学屁股坐不住，屁股上像长刺一样。孩子会经常逃学，老师天天追不上他。现在很多家长跟我说自家孩子逃学，我都告诉她们："你怀孕的时候坐没坐相、站没站相，把孩子端正之身给毁掉了。"

所以，女子要守好此四德。

做好"三从"，守好"四德"，就会四平八稳。孩子四平八稳了，你还求什么呢？你不用求，你的孩子东、南、西、北、东南、东北、西南、西北走任何一个方向去工作，诸事大顺，吉祥平安，一切意外一切灾祸都不会遇到。孩子要是出事、夭折，全是我们"三从"做不好，"四德"做不好，给孩子种下的祸。为什么？母子是同命啊！

母子同命

我还发现一个秘密。什么秘密呢？我在眉县的时候，有一个朋友,她的儿子不好好上学,每次考试都是倒数。这个母亲就问我怎么办。我说:"孩子上学倒数,与母亲有关系。"她说:"怎么有关系啊?"我说:"你经常慌里慌张的,经常想你孩子这不好、那不好的。"她说:"我就是这样。天天想着他考不好怎么办呀?这不行那不行……"我说:"你一想弱,这个孩子就弱了。母子同心,也是同命。孩子以后要考试的时候,你什么都不管,正常孝敬你的婆婆,正常做你的生意,正常做饭。你不要管他,孩子就会出奇迹。"她照我的方法,高考前大概做了三个月时间。孩子考上了西安音乐学院,比预期将近多了150分。从那以后她疯了,为啥?跑到传统文化促进会去做义工,天天在那值班。母子同心、同命,这是我发现的一个秘密。

有很多孩子平时考试考得那么好,整个墙上奖状都贴满了,但是接近高考时的考试就是考不好。什么原因?母亲在家里担心,一担心孩子就弱。你是树根,你没有给孩子传递正能量,传递的全是负能量。

古时候二十四孝里面有一个曾子。他去山上打柴,他的朋友来看他。他的妈妈怎么办?不像现在有电话,就拿针把自己刺了一下。曾子觉得自己心一痛,心想:"哦,我妈妈是不是有事情了?"于是他就回来了,见到了他的朋友。这说明母子连心。

中医也承认,当最至亲的人在远方有疾病、有事情的时候，我们是有感觉的。我的爷爷在老家生病，我在北京就有感觉。这就叫血脉之情。这不是神话。

作为一个女士，一定要大方得体，端庄。在这个家庭，性柔如水旺家，嘴柔家和，心柔家暖。这是女子的"三柔"。这才是真正女强人该做的事情。

幸福的人生，男子要做到"三刚"，女子要做到"三柔"，这样家庭就好了。家庭一好，家和万事兴，企业就好了，诸事就大顺了。一些人不明白，不懂得古圣先贤所讲真正深刻的涵义，认为是不是老祖宗说错了？实际没有。因为古人们知道所有的人都是女人生的，女人是人的来处，女子对家庭太重要了。

从自身做起，福在眼前

讲企业家和幸福人生，为什么我讲的都是家庭里的事情？因为企业家真正的幸福是始于家庭的。家庭幸福了以后，他积极向上的心态才能带动员工稳步前进、健康发展。要是一个企业家子女不孝，夫妻不和，手足相残，为争点企业的财产都会打得头破血流，那这个企业家他的幸福从何而来呢？就像我开场给大家讲的，当我们想改变全世界的时候，当我们想改变一个国家的时候，或者想改变一个企业、一个家庭的时候，我们要从改变自己开始。因为改变了自己，就可以影响家庭，影响企业，影响一个地区，影响一个国家，影响一个世界。家庭的幸福决定了企业家的幸福，企业家的幸福决定了每一个员工的幸福，而每一个员工的幸福又决定了每一个家庭的幸福。

所以我一直没提企业家，而是围绕家庭讲。拥有家庭的幸福，这个人就会积极，就能带动一个企业。所以一个企业的兴旺发达全在于老板。因为他是老板，老板要是积极向上，员工也会积极向上。一个家庭的主人翁如果是积极向上的，是幸福的，他的家庭也是幸福的。

我们学完传统文化以后，如果心量还那么小，肚量还那么小，计较还那么多，自己却还很得意，认为自己很了不得，那这实际上是完全忘记了老祖宗的教诲。老祖宗讲什么呀？骄勇逞强必跌跤，虚怀若谷谦受益啊！

孔老夫子"述而不作"。他一生只讲古人的教诲，没有自己的创作。孔老夫子经常讲的一句话："甚矣吾衰也！久矣吾不复梦见周公。"意思是我是不是老了？怎么不梦见周公了？孔子最敬佩的人是周公，经常夜梦周公，并向他请教。孔老夫子谦卑到了如此地步。

才学了几天，有人就说，"我认为我改得已经很好了"。我听到以后都替大家脸红。我们觉得自己改得很好的时候，就已经走到了绝路。人要活到老学到老，学无止境啊。

幸福人生真的是一个大课题。如果我们听了一天的课，都没有找找身上的毛病，改改自己的缺点，我要告诉大家，你们听了白听，学了白学。传统文化对你来说没有任何价值。

我记得我在大连给大家讲《心想事成的秘诀》，只讲了一天课，当时大约有五六百人。很多人听完以后什么感觉？心情烦躁的变得不烦躁了。一个老师甚至跟我讲，他本身腰很痛，听完了以后腰都不疼了。很多人听完，知道自己反省自己错在什么地方了，到下午以后，就能一身轻松啊。

我们在听课的时候要对号入座啊。讲男子的时候，作为男子，想想"三刚"有没有做到？"三风"有没有做到？讲女子的时候，作为女子，想想"三柔"有没有做到？讲孝道的时候，我们要反省，我们对父母有没有尽到孝？讲自己人格魅力和德行的时候，我们要想哪方面有欠缺需要补？这是听课真正的目的。不是东耳听，西耳出啊。

所以，幸福就在眼前。学传统文化不是用来要求别人的，而是要时时处处要求自己，这样就能跟圣贤越来越近。

第四讲

内外兼修,五福临门路路畅通

做个有福人

"五福"分为三种：内五福，外五福和自身五福。"内五福"即家庭五福，家庭要是能够做到五福，家和万事兴。"外五福"落实好，我们就能在人生道路上四平八稳，五福临企业。做好"自身五福"，提高我们自身的德行修养，五福之神不求自来。很多人都说富不过三代。但只要真能把这三个"五福"落实了，最少要旺三代啊！了不得啊。

"内五福"，求神不如求老婆

风水课上我经常讲，女人是一个家庭风水的源头，这个家庭的风水好不好全在女人。我们常讲"这女人旺夫""那女人不旺夫"。那男子如何能遇到一个旺夫的太太？如何能让这个女人永远旺你？我们可以想一想迎娶新人的传统礼节。我们现在的婚礼只有排场，没内涵，不传统。过去人结婚的时候要昭告天地，叫拜天地。要告诉天地，我们家里面新添了一个人。这是第一个昭告。要去祖坟跟祖先讲，我们家里添人了，求祖宗保佑，后代人丁兴旺。这是第二个昭告。现在谁还记得这个传统？没有人记得了，也不昭告天地了，也不报告祖宗了，就是看谁家的车多，看谁家的车豪华，看谁办婚礼花钱花得多，甚至恨不得把新娘拿黄金都镀了。这个可怕呀。金是金属，太多了克夫啊！人们不明白。

真正传统的娶妻，我把它称为喜神临门。昭告天地，家里要添新人了；昭告父母祖先，家里要接新人了。然后大红喜字一贴。我们老家岐山还有这个风俗。我觉得这个婚礼特别有意义。喜字贴完以后，进村大喜，坐床大喜，上车大喜。这个喜字写得是最多的。这叫什么？这叫喜神临门。

所以娶老婆不是娶人，是娶神呢！把老婆当神，你就过神仙的生活；把老婆当保姆，你就过保姆的生活；把你的太太当皇后，那你就过皇帝的生活。这是相互尊敬。如果这个女子在家里做到了从父，出嫁以后就能相夫，又能照顾公婆，这叫福神临门，一福压百祸。这第二个神就来了，这女子是福神啊。

农村有句俗话："男人是耙耙，女人是匣匣，不怕耙耙没刺，只怕匣匣没底。"挣的钱交给老婆保存，这叫财神临门。千万别把挣的钱交给情人啊！这是败家之兆。人家把一辈子都交给你了，你那点破工资都舍不得交给人家，你能不缺德吗？我的工资就交给了我太太，人家是财神。她哪舍得买东西呢？省吃俭用的。这给父母，这给孩子，把她买衣服的钱全部省了下来，给双方父母买东西。这是我老婆做的事。我太感动了。我的钱全给了她。所以我常跟老婆说："你是咱家的元宝啊,你是咱家的财神呀!"我的老婆是家里的长官,还是家里的"校长"。为啥?教导我学习呀。

我一个文盲跑到那么大的企业给人家当副总,一个农民,家里还有十几亩地,连自己名字都写不好,还出了几本书。前一段时间宝鸡市又说推荐我去市里当政协委员,这是我想都没敢想的事。我的荣誉从哪来啊?这是太太给予的。为什么?娶太太这是喜神啊,喜事不断。这是福神呀,我遇到她一辈子有福,我父母放心了。我把工资全交给她了,她会理财,这叫财神呀。有什么事,我跟太太商量请教,太太这是贵神啊。五福里面第四个就是贵啊。

有了喜福财贵以后,夫妻还能吵架吗?还能离婚吗?你说这太太旺不旺夫?这一旺,夫妻关系一好,谁最高兴?四个老人最高兴。老人一高兴,心情就愉悦。一愉悦就怎么样?长寿啊。这叫仁者寿。所以第五个福就是寿,仁者寿也。你想想,娶老婆是娶什么呀?娶神啊,喜、福、财、贵、寿五福临门,五福之家呀!

家庭一旦得五福了,五方则安。古时候老祖宗讲拜五方,东南西北中。道教也有五方大帝。你不用跑到道教拜五方大帝祈求保佑。你只要对太太好,对父母好,家庭五福临门,五方大帝不帮助你都不行,就像你给国家做贡献，政府自然就会鼓励你，奖励你。就是这个道理，哪还用你求啊！烧几个破香，供几个破水果，求一大堆，我要是神，我要是佛，也被你们吓跑了。你把佛菩萨和天神当什么呀？贪官污吏啊！你贿赂他们去了。贪官要送一张卡，至少几千呢。你供几个破水果，几个烂香，香还是化学香，又污染环境，是不是？好好的佛像神像都让熏得乌黑乌黑的，这不污染环境嘛。

我看道教记载的财神，有一句偈讲得特别好，说财神爷爷是"头戴金来身穿银，怀里抱着聚宝盆，有财专施有德人"。对父母不好缺德，对太太不好缺德啊！我们只要把德一补，不用求财神了，财神专门给你施财啊。你能不发财吗？就像我们单位一个研究生问我："秦助理，你一个月多少钱啊？"我说："老板不让说。"他说："你知道我一个月多少钱吗？"我说："我不知道。"他说完以后，我说："那你的工资是低点，我比你高多了。""你一个文盲比我高这么多啊？我也太亏了吧。"我说："有才有德才称为极品，有德无才称为成品。我这人自认为是有德无才，也是成品嘛。至于你是不是极品，那我就不知道了。"

我们要明白，学习圣贤教诲，学习传统文化，最次也要做个成品啊！先不说做极品，首先别缺德，无才可以，别缺德。千万不要当什么？千万不要当废品，千万不要当毒品。这是我们要做的事情。我们学习了圣贤教诲，最次要把我们的孩子培养为成品，不要把他们变成废品给国家添乱，不能让其成为毒品危害国家。这个很关键。我们学习的目的是把自己变成成品，把孩子变成极品，青出于蓝胜于蓝。这是我们的终极目的啊。

希望我们大家都五福临门。求神求福不如求老婆，求好太太你就五福临门了。你要让太太喜，喜神临门。你让她享福，福神临门。你把钱交给她，财神临门。有什么事不要独断，和太太商量，贵神临门。你们夫妻一和睦，仁者寿，寿神临门。这叫五福临门。

你天天让她哭，这叫丧神临门啊。你天天让她受罪，这叫苦神临门。你让她天天怨恨你，这叫扫把星临门。我们说扫把星从哪来？就是天天怨夫啊。所以女人的德行修养，全部取决于男子的德行和修养。结婚前我丈母娘跟我说："我的女儿什么都好，就是脾气不好。"我刚认识我太太的时候，一去她家就看见那个木头门上有个裂缝。我问我丈母娘："这门怎么了？"我丈母娘不好意思地说："你女朋友一脚给踹的。"我当时在想，哎呀，这结婚了不知道把我踹多少次？可是直到现在，结婚马上快十年了，太太从来没有冲我发过火。为什么？男人有德，女人火消；男子无德，女人火旺。

夫妻之间正好就是阴阳。太极八卦是什么图案？阴阳鱼啊。它是互惠的。当一方火旺、一方火不旺的时候，就是阴阳不平衡。我经常讲，男人是风，女人是水，夫妻和谐就是上等风水，夫妻和谐就是阴阳平衡，万物皆生，诸事大吉。太太冲我们发火的时候，我们要知道自己是榆木疙瘩，把老婆气成这样了。结婚的这十年，太太没有冲我发过脾气，对我好得不得了。为了我出门体现一个好形象，光熨斗就买了好几个，每件衣服都给我熨。太太说，男人的衣服代表女人的一双手。要是丈夫穿得比较得体，代表太太比较勤快，要不然就说明太太很邋遢。我太太没学传统文化，但是懂这么多啊。这是家风啊。

所以我说，你一定要让太太高兴。她一笑，元宝旺夫。你天天让她难过，这叫克夫，家里要死人啊。你想家里死人，你就让你老婆天天哭吧。这一哭眼泪一流，财跑了。水吃财嘛！所以我们就知道了为什么讲女人是水做的。

男人不发财、工作不顺利，告诉你，亏欠太太的太多了。人家把一辈子都交给你了，那点破工资都不舍得给人家。各位男士啊，今天这堂课一听，回到家里，工资卡全交给太太，同不同意啊？（观众答：同意！）都同意啊，太好了。我们听到立即就做到，太了不得了，这才好呢。千万别交给情人啊！你看多少官员、多少企业家倒霉都是被情人收拾了。我们古人讲"糟糠之妻不下堂"，"一日夫妻百日恩"，就是这个道理。

把"家五福"运用到企业

家庭的幸福，我们可以把它原样挪到公司去。公司的五福怎么去做？作为一个企业家，要会用人，常用有德之人。缺德的人有才都不敢用啊！有时候企业的倒闭往往就是因为一两个人没用好。你看我们的三鹿奶粉，就因为一两个人没用好，几十年的品牌就这样完了。民族品牌啊，一夜之间毁掉了。所以用人很重要。

一个企业要想真正兴旺发达，是靠仁来经营的。我们如何衡量一个人有没有仁德之心？首先，他孝不孝顺父母？他对老婆好不好？他对家庭有没有尽责？这个是非常重要的。这个是选人的第一个方法。

第四讲　内外兼修，五福临门路路畅通

在天津有一个老板，企业做得非常大，他的总经理跟他十年了。他听闻总经理在外面养了个小三，就把总经理叫来，说："你跟我已经十年了，这么有能力，你自己创业去吧！"这个总经理想不通，说："我跟你十年了，现在做得这么好，你怎么不要我了？"这董事长说了一句话："不是我不要你了，是你在我这个环境中，没有提升自己的德行。我听说你在外面养了一个小三。一个对老婆都不忠的人，以后会为了自己的个人利益危害我的企业。你知道企业的事情越多，企业以后的危害就越大，所以我不能用你。"

我们想一想，这个老板有智慧啊！为什么？一个对太太不好的人缺乏两种东西，缺恩义、缺情义。他多了两种东西，利和害。有利了我和你来往，没利了就要除害，就要把你扔掉。这个非常可怕，不是开玩笑的事情。

我去大学讲课时，问过大学生们一个问题："如果一个男士非常优秀，人也非常帅，非常聪明，追你这个大学生，三年如一日。你半夜三更说肚子饿，他马上就把老北京炸酱面送来了。当他跟你谈婚论嫁的时候，一个

长者跟你说：'这个小伙子哪都好，就是对他父母不好。'你选不选择嫁给他？"当时在场十位女生九位都说愿意。我问为什么？"跟他妈他爸分开才好。"我一看，哎呀，这叫因果报应，活该以后把你甩了。为什么？他对爸妈都不好，你还敢嫁给他？多可怕。是不是？对父母都不好的人，也是缺恩义、缺情义啊。他为什么找你？某某大学的学生，漂亮的美眉，领出去以后多有面子！等你嫁给他以后，生了孩子，变成黄脸婆，没利了，也挣不了钱了，怎么办？除害把你扔掉。就是这样的。

所以选择一个企业的管理人员，要从他对太太、对父母的态度着手，看一看这个人的情义心和恩义心有多重。这是老祖宗给的方法。

我有一个远方亲戚，特别有钱，也非常孝顺，可是却在外面找个了小三。大家知不知道，他爸妈跑去跟儿子怎么讲？"我们宁舍你这个儿子，不舍这个媳妇。从今天开始，咱们不要再来往了，咱们祖上几代没有出现离婚的、包情人的。你给咱们祖上蒙羞。"我这个亲戚听完以后给了小三十万块钱，关系断掉，回了家。人家夫妻现在过得很好。什么原因？因为他孝顺，听父母之命，就算遇到小三之后，也会逢凶化吉，他会回到家里。我们要明白这个道理。

现在很多人，尤其女士，一结婚就要跟婆婆公公分开。

告诉你,真没有智慧!真的是这样,说不定你以后遇到家庭危机,这二老就给你化解了。他们就是你的恩人啊。是不是?你要爱公公婆婆。同样,男士选太太的时候,也要看她对她爸妈怎么样。用员工也是这样,公司第一重要的就是用人。

第二,财务一定要清楚。财务是企业的命脉,税没报好,账没做好,出现很多违法乱纪的事情,企业说完就完。我遇到很多企业出问题都是出在财务上。

第三,有恩于员工。这个非常重要。在场有很多企业家,你要如何有恩于你的员工?当你的员工父母过生日的时候,你以单位董事长或者总经理的名义发一个生日卡,给老人家寄二百块钱的生日钱,你的员工就会对你感恩戴德。你这样做,员工就想,我们老板学传统文化对我们有利益啊,我们的爸妈能领到钱啊,很多人也就会愿意学了。

现在很多人说员工不愿意学传统文化,为啥不学?员工认为这是你给他洗脑呢,为了让他们为你卖命,给你好好干。所以我们先要落实好,要用行动感化员工。

做个有福人

我遇到一个企业家非常了不得。他的企业成立了一个基金会，专门帮助有困难的员工。员工父母生病看病，除了正常医保报销以外，剩余的钱全部由企业的基金会出。员工的父母过生日，都以公司的名义派人寄张生日卡，送几百块钱。所以在这个公司工作十几年的老员工多得不得了。我们想一想，一个员工培养了十几年，对各种技术都懂了，如果跳槽，公司损失就太大了。而通过做这些小事给予员工和家属真实的利益，真正有恩于员工，也就留住了员工的心。

作为企业家，学习传统文化后如何在企业中落实？要先惠及自己的员工，让他们感受传统文化的德能。这个了不得。你别说自己到处捐款、做慈善，先给员工捐点钱。为什么？你今天成为企业家，是多少员工共同努力的结果啊！

我们陕西的一家企业，一个民企兼并了三家国企。政府看到某些国企经营不善，考虑转型的时候，很多民企都来竞争。可是这些国企员工不同意，联名要求只能是这家企业集团来接手。什么原因？因为他们集团董事长的德行在当地已经有口皆碑了，他总会把员工的利益放在第一位，把自己的利益放在第二位。他在兼并国企的时候从来没有考虑过自己，而是想着帮助政府承担负担。想一想，谁是最后的赢家？他才是最后的赢家。

第四讲　内外兼修，五福临门路路畅通

我这次回去，他们家乡的书记告诉我："××集团的冯总带着人回来了，不让我们村干部说谁家可怜谁家穷。他们亲自考察，现场给钱，现场给米，现场给油，把全村十几个队全都走了一遍。"你看人家做了企业家后惠及了他的家乡。这叫什么？扬父母之德。一说"你看，咱们村子出了一个企业家。人家挣了钱知道回报我们村民啊！他父母教养有方啊！"他知道这个地方是生他养他的地方。这叫不忘根本。

第四，回报社会，助学、做慈善。我们学习了传统文化，学习了圣贤教诲，你如何向大家推广，让大家学习？如何能让大家感受到传统文化的魅力？你要从这个地方去做。这是责任，这是企业家做的事情。

我还碰到过一个企业家很有意思。那是河北省高碑店某锅炉厂的贾总，他开了一个免费饭店。刚开的时候，别人就讲："你这样免费给人吃饭，人们一拥而上就把你给吃穷了！"可是他不但免费，还是四菜一汤，馒头米饭，做得好吃得不得了。员工们跟我提起贾总，都含着眼泪讲啊。你想想这种员工能不对老板尽忠吗？员工都被感

动成这样了，哪有辞职的啊！这是一个企业家的风范啊。

我去参观过他们的企业，食堂有一千多人吃饭，十人一组排队进餐厅，都是长者先，幼者后，一点都不乱，比军队的军人整齐，比学校的学生有礼貌。他们把传统文化都做到这个份上了。

这个免费饭店里发生过两件小事，我都非常感动。有个人吃着饭，还偷偷把馒头装进口袋里。饭店负责人给贾总打电话说："贾总，不能再开了，咱们管他吃，他还偷拿咱们的馒头啊！"贾总说："你问问他为什么偷馒头？"那个人说："你们这只管中午饭，晚上不管。我晚上肚子饿，没啥吃的。"负责人给贾总一汇报，贾总却说："你看你，你给他个袋子啊！装衣服口袋里多脏啊！"

还有一件事，另一个人也是边吃边拿。管理员说："你为什么拿？"他说："我吃饱了，我们家狗还没吃饱呢。"管理员又给贾总打电话，贾总说："那狗也是生命啊，就当咱们企业又养了一只狗，没什么呀。"我们看看人家的肚量，人家的德行。

他们的锅炉一年卖几个亿，从来不做广告，广告费全部用来弘扬传统文化。所有的书籍全部捐赠，什么都是免费的。所有员工家庭，只要遇到问题，立马解决。什么叫企业家？这样才叫企业家。

在员工学习传统文化期间，企业所有中层领导都得服务员工，给大家端茶的、端饭的全部都是部门的经理。

他们都能弯下腰,是真正做到了。三百多亩地大的厂区,没一个保洁员,为啥?没有人扔垃圾。大家有时间可以去他们企业去参观,看看他们是如何落实传统文化的。

在他们企业里,看不见老板是谁,为啥?老板也穿着员工服。老板谦卑到这种程度,对员工的态度这么和蔼可亲,真是把员工当成自己的兄弟姊妹了。我们想想,我们要做到,做到才能得到。这是不一样的事情。所以什么是幸福啊!这叫幸福。

所以,家庭的幸福可以运用到企业中去,这完全是有用的。但是家庭包括企业,企业不包括家庭。很多人企业做得很好,可是家庭一塌糊涂。这也不叫幸福。所以我们大家要明白,幸福的人生是始于家庭的,这个我们一定要弄懂。

"外五福",孝字当头四平八稳

"外五福"代表着五个方向。孝顺自己的父亲,就是中央土,土生万物。因为我们属于父系血脉传承,所以

做个有福人

要敬父如天。孝顺了自己的父亲,叫喜从天降,也叫喜神。孝顺自己的母亲是北方水,水养万物,上善若水。要孝顺了自己的母亲,北方就是福神,你就有福了。所以孝顺自己的父亲,你是喜事连连。孝顺了自己的母亲,你是有福之人。

福和喜是不一样的。喜事就是我们经常能遇到好的事情,可是遇喜事的人不一定享福啊。你看有很多人挣很多钱却一身病,挣很多钱却事情不断。他们处理事情都处理不完,没有时间享福。所以有福的人,诸事皆顺。光有喜只开花,没有福不结果。很多人跟我讲,我开始做事很顺利,结果却不好,什么原因?我告诉你,你可能对你妈妈态度不好了,福上欠缺了。

孝顺了自己的岳父就是西方金。作为人,你肯定要到外面挣钱,孝顺了自己的岳父就是金。孝顺了自己的岳母就是南方火。你看火把这一化就变成水了,就变成财富了。

我们自己是什么?东方木。这叫五方,也叫"外五福"。

为什么说孝顺四位老人,你就能得"外五福"?孝顺岳父,西方金就是财。孝敬自己的岳母,南方火就是贵。你红红火火常遇贵人。我们想一想,你是东方木,生长。你孝顺四位老人,就代表四平,那你行走八方就会四平八稳。大家不明白这个道理。有人要去东方,问我:"去这个地方打工顺不顺利？"我就跟他说，那要看你自己缺不缺德。孝顺四位老人你就不缺德啊！那你去东方就顺利。你要认为你去西方不挣钱，不顺利，我就告诉你，你对岳父不孝顺。你去南方不顺利，是你对岳母不孝顺。你去北方不顺利，是对你的母亲不孝顺。你要是在你的家门口挣不到钱，那是你对你的祖先、对你的父亲不孝顺。你什么地方亏，你就少一福。你少一福，就会多一祸。一福就能压百祸。

所以我们大家要是真正明白了，真正懂得了，就会知道原来求福、求财、求贵、求寿，全是靠我们自己。你现在生病，你现在出事，你现在孩子不听话，我告诉大家，终究都是我们自己的原因，与别人没关系啊。一个人如果能勇敢地去承担自己的责任，改正自己的错误，告诉你，你成功了。包括企业家也一样，现在人爱看什么成功学的书，我告诉大家，懂得孝顺父母的人最懂得成功。提升你的个人魅力和道德修养，别人就能围绕你而做成大事，你就成功了。

五小孝

我们如何孝顺自己的父母？孝顺四位老人有很多方式。最简单的方式是给老人一个好脸色。不要给老人花一点钱就天天哭丧个脸。要非常愉悦的，不要给父母色难。在外面，夫妻之间再有矛盾，也不要把矛盾传递给四位老人，让他们寝食难安。我发现现在年轻人有毛病，夫妻两个人有什么矛盾赶快给双方老人都说一遍，把老人往死了气。是不是？都多大的人了，养你们不容易，你们都成家立业了，还天天把你们的烦心事给老人说。这样是不对的。不要给老人色难，要常让老人看到你们的愉悦之心。这是五小孝中第一个孝，叫"颜孝"。

第二个孝是什么？父母老了，比较孤独了。他们见着你想说很久之前发生的事，你就站那听一听。那有什么呀？是不是？他们除了跟你说还能跟谁说呢？我在书上看到过一个故事。一个老人跟儿子在公园里坐着，他们家就在公园边上住。老人的眼睛花了，看见一只鸟来了，就问儿子："儿子，那是一只什么鸟？"他儿子看报纸呢，抬头一看说："哦，麻雀。"过了一会儿又来了一只鸟，老人又问了："儿子，那又是一只什么鸟？"他儿子不耐烦地说："那是麻雀！"过一会儿又来了一只鸟，老人心痒痒，又想问，又看儿子的脸色，但忍不住还是问了："儿子,你看那又一只鸟,那是什么鸟?"儿子说:"麻雀,麻雀,麻雀!"老人听了以后,心里很难过,转身回家了。他一看他爸走了也没太在意。老人回去拿了一个日记本,上面记录了一件事情。儿子三岁的时候,连续问父亲问了二十一次:"爸爸,那是一只什么鸟?"爸爸说:"儿子,那是麻雀。"他父亲连续回答了二十一次,都是非常柔和。所以第二个是"听孝"啊。有耐心地听老人讲讲,怕什么呀?他看不清了,是因为眼睛花了。你要带他去看医生,或者配老花镜,是不是?我们也不能这样攻击他呀,有点耐心好不好?

第三个孝是"顺孝"。父母都一辈子的性格,一辈子的生活习惯了,不要学了几天传统文化,就要求他改这改那。我告诉你,是你有病,不是他有病。学传统文化是为了让家庭更幸福,让老人更幸福,让你更懂得如何做子女,而不是变成老师,拿着教鞭看谁好像都有毛病,那叫职业病。

所以孟老夫子讲了,人有大病,好为人师啊!这很有问题。很多人学完传统文化变神经病了,这很可怕的。

传统文化也要生活化。离开了生活，要传统文化干啥？没用啊。我遇到很多学传统文化的，上面对父母强烈要求，下面对孩子强烈要求。他变成另类了，孩子跟父母都攻击他。他还很委屈："你看，我为你好。你没有福报，没有善根。"好像他有福报，他有善根一样，人家都没善根都没福报。是不是？我们要守好嘴巴，不要说话尖酸刻薄，传统文化让你说话尖酸刻薄了吗？说人家没福报了吗？

所以要"顺孝"，如何顺？这个很关键。我们要懂得如何去顺父母。我在北京碰到一个例子。一个朋友告诉我的，是他朋友的事情。他娶了个老婆，是美国留学回来的。在美国待久了以后，喜欢吃西餐，什么面包片夹鸡蛋，抹果酱的。这个媳妇还很孝顺，把她的公公从农村接到城里来，每天给老爷子吃煎鸡蛋，吃煎面包片，抹果酱。老爷子就跟她说："媳妇，你能不能熬点粥？"她就给老爷子讲营养："粥没营养。你看这个米的米芯、米芽都被挖掉了。"讲了一大堆。老爷子重复了很多次，她就是不给老爷子熬粥。老爷子最后没办法了，写了个遗嘱跳楼自杀了。遗嘱上写着一句话："活着没意思，连粥都喝不上。"

我们想一想，这就叫生活习惯嘛，是不是？所以我们要先顺父母，不要强迫他们改变。顺的过程慢慢讲道理，慢慢引导，这样才对。不要一下子把人卡死了，好像这也不好、那也不好。人家喝了一辈子粥,也没见没营养。是不是?活到八九十岁。所以我们有时候说话不要太绝对。

我从来不劝老人说:"你吃素吧,你学传统文化吧。"没有那么多要求。钱给你,想干啥干啥,你只要高兴。他们要是问我:"我这么大年龄,想学点啥。"那我就说:"你学学传统文化吧,要不你学学佛吧。"他们要是不问,我轻易不跟他们说。我只管自己做。老人说:"呦,你怎么变得这么好?"我就跟他们讲:"学《弟子规》学的。"老人一听,把《弟子规》读完了。我们做到以后,用厚德影响他人。这非常了不得。如果不懂得不明白这个道理,就会令我们自己和家人都很痛苦。

第四个孝是"行孝",行为要孝。心里想到孝,行为马上去做。给父母端饭,给父母洗脚,给父母做喜欢吃的东西,陪父母去旅游,这个是非常必要的。而且要马上行动。你说你心里很孝顺,可是行动上不去做,谁知道你孝?

第五个孝是"恩孝",要真正知道父母的恩德。当我们说父母的时候，要赶快来个想法。什么想法？是你生的他们，还是他们生的你？你要生的他们，你就能说他们；他们要生的你，你就没资格说他们。你说他们，这叫什么呀？自掘坟墓。他们是树根，一挖根你就死了。

颜孝，听孝，顺孝，行孝，恩孝，这是五小孝。

四大孝

四大孝是什么？第一，养父母之志，按父母的想法，光宗耀祖。第二，养父母之心，让父母省心，安心，养心。第三，养父母之身，让他们老有所依，病有所依，事有所依。第四，养父母之精神，常回家看看。即使不能常回家，也要常打电话。听父母说话的声音你就知道他们的身体状况，吃父母做的饭你也可以知道他们的身体状况。

我妈妈是四川人。四川人有吃米饭的习惯。可是我妈妈来到陕西以后，擀面条擀得特别好。她从来没有想要把我们兄妹几个变成爱吃米饭的。我记得有一次从北京回到陕西，那天吃妈妈擀的面条的时候，我心里就非常难过。我就问我妈："妈，你是不是身体不好？"我妈说："好着呢呀？""你骗我，你怕我担心。"我妈说："你怎么知道？"我说："我过去吃你擀的面条，薄厚均匀，特别劲道。今天的面条第一不劲道，第二薄厚不均匀。证明你的身体力度不足，出现问题了。"我妈才跟我说了实话。我妈个子很低，一米五，我们老房子比较高，三米。她在蹬凳子晾被单的时候摔了一跤，把一侧的腿骨头摔裂了。去医院的时候医生要用石膏给她固定。她说："不行，我儿子要回来了，我不能让他担心。他还得上班呢。我现在不能做，等他走了我再做。"她在擀面的时候因为一侧的腿痛，左右手力量不均，所以擀的面条有的地方薄，有的地方厚。可能她和面的时候用不上劲，这个面就不劲道。你看，细心的子女在吃饭的过程中，就能感受到父母的身体状况。如果我们没有这种感觉，我们就有问题了。

想一想，我们经常不在家里陪父母吃饭，却总陪朋友吃饭，甚至过生日的时候还是跟朋友一起吃饭。有没有想过，生日是母亲的难日，是父亲的惊恐日。我们过生日的时候更应该给父母磕头，感恩父母，陪父母吃饭。我历来就都是这样。他们活着时你磕头，去世后没拜，没人说你。你们别老认鬼不认亲啊，父母去世后还花钱买孝名，这有问题啊！所以一定要厚养薄葬。这个非常重要。

你看，我回到家里以后，吃一顿面条就知道了妈妈的身体状况。之后，我就跟我们老板说："你得给我租大一点的房子，我想把妈妈接到北京来。"我妈妈一直待到去年，跟我说："你妹妹家的孩子没人管，我要操心你妹妹。"去年过年的时候她才回去的。到现在，我的岳父岳母还在北京，我岳父还找了个工作。因为我岳母怕她女儿辛苦，我有两个儿子，她帮我照顾儿子。

恩爱夫妻一条命，莫破天作之合

一个"女"一个"子"合一块就是"好"字，夫妻和万事兴，诸事顺百祸消。《你是自己命运的设计师》里有一篇文章叫"家和能化解一切灾难"讲的就是这个内容。我去年看到一个新闻，一个老爷子瘫痪了，成了植物人。老太太给老爷子写了一句话："我们一定要熬到金婚，咱们再走。"谁知道老爷子提前走了。老太太把老爷子的事情安排好，自己穿得整整齐齐地也走了。你看夫妻是同命。这就叫"好"字。

我在北京的时候还碰到一个女士。她丈夫是个大老板，得了膀胱癌，医院建议全部切除，以后要带着尿袋生活。这个女士跟我是好朋友，来找我，哭得不行。她说："秦老师，我老公得了这病，能不能让我死，让我老公活着呢？"我说："为什么呢？"她说："我老公他爸妈就这一个独子，我们家还有三个孩子呢。他死了以后，他爸妈受不了，这个家就完了。"我们看一看，这个媳妇对公公婆婆孝到什么程度？我当时听了这个话以后，我就说了："你老公死不了。医生说的什么方案？"她说："两个方案。一个半切，一个全切。全切以后就要带个尿袋。半切呢，要是一复发，人也就没了。我不知道怎么办。"我就跟她说："半切吧，不要全切了。你老公那种性格，一全切，带个尿袋，一个大老板，他连门都出不去，早晚在家窝死他。半切吧。"那个医生还问我："你学过医？"我说没有。他说："你咋给人家胡说呢，让人家半切？"我说："我没胡说，夫妻是同命啊。他太太那么孝顺，那么爱夫，这个丈夫绝对不会短命。我按这个来的，因为夫妻是一个命嘛。"那大夫说："那行吧，我们试试。"现在已经过去五六年了，活得好好的。你看看，夫妻同命，可以转命。

做个有福人

为什么可以转命？就是因为她的孝道，这是根啊。就像我为什么能活到三十四岁？孝顺双方四个老人。我遇见过很多这样的例子。夫妻感情恩爱，孝顺父母，逢凶化吉。因为这个问题，医生们找过我很多次。最后我和很多医生都成了好朋友。他们用CT看，我不用看。我知道一个人如果能行孝，天不灭他。天如果灭他，天理不公啊。这种人死不了。所以幸福人生从要求自己开始，从孝顺父母开始。

我记得我在北京的时候见过一对夫妻，非常有意思。男的在外面找了个小三，非要跟他太太离婚，我就告诉他别离婚，离婚不好。他说为什么？我说因为过去的婚姻称为天作之合，媒妁之言，真实之情，百年好合。可是现在呢？没有天作之合了。为什么？不听父母言，嫌父母亲说话啰嗦。天地就没有办法撮合了。过去媒人介绍才见面呀。我跟我太太认识还是有原因的。男方有男方的媒人，女方有女方的媒人。介绍之后，我们才谈。

古时候是天作之合，媒妁之言，百年好合，幸福一生。现在是自由恋爱，快速上床，痛苦一生，不顾及传统了！裤腰带都松了，还什么一见钟情啊？一见就上床了，哪是钟情啊！一见就打胎了，是不是？完全把老祖宗给我们留下的规矩扔掉了。幸福的人生，是在天地之间要有规矩遵守的。

第四讲 内外兼修，五福临门路路畅通

我告诉这个朋友："你不能离婚。你要是离了婚，就没命了。她能救你命啊。"他还比较听话，一直忍到 2011 年，给我说："秦老师，我实在受不了了，实在想离婚。我谈的'对象'非要逼着我离婚。"我说："你已经等到现在了，你再等半年吧。"

之后他就回去了。后来有一天给我打电话，说他头痛，压得腰都痛，非常严重，但是在医院检查不到毛病。他说："秦老师，我是不是中邪了？"我说："你心有邪，你肯定中邪。"他说："什么叫心有邪啊？"我说："你在外面找个女的，阴阳不平衡了，双阴克阳，你不要死翘翘嘛！所以得病啊。你对老婆不好，这叫阴盛阳衰。"他说："哦，原来是这样。"我说："这是病，不是邪，是你心有邪所以才得病。"阳不足了嘛。我说："你赶快去医院检查。"

他之后在北京的一个医院做检查，脑动脉瘤。医生给他讲，脑动脉瘤有两种治疗方法，一种是支架，一种是手术切除。做支架以后容易发生血管堵塞，导致半身不遂。在脑动脉上面又不好动手术，有的做不好，手术台上就死了。如果不做手术，第一次疼，第二次人就不

能动了，第三次人就昏迷了。

他当时给我打了电话，说："秦老师，我怎么得了这病啊？"我说："你是头上生病了。为啥头上生病？父母是天，你的婚姻是天作之合。在违背天地之合的过程中，你就有问题了。你现在明不明白我当初给你讲的'你太太能救你命'啊？"他说："我现在还没太明白。"

回到家里他给他妈妈讲："医生说要花十五万，可是不能保证手术成功，说死就死了。"他妈妈说："我哪有这么多钱啊？"老太太也就那点生活费，拿了两万出来。那么剩下的十三万怎么办呢？找姊妹，没有一个人借给他钱。没办法，给他情人说去。他情人说："我没钱。"他说："我过去给你的钱呢？""早花完了。"没办法，给他太太说。他太太跑回娘家，向她的姊妹全部借了一遍，钱凑齐了。他给我打了电话："秦老师，我现在好像明白了。我问我家人没借到钱，她回到她娘家借到钱了。这算不算我太太救我命？"我说："你还没明白。"

到了医院，要进手术室的时候，她太太给我打了电话，说："秦老师，我受不了了，医生说我老公有可能死在手术台上，让我签手术同意书，我签不签字？"我说："你问问你老公，看他怎么跟你说。"她说："行，我问问。"一问，他哭了，说："老婆，我这次手术要是做成功了，我要对你加倍好，我对不起你。你看我生病这么严重，我妈那没钱，我姊妹都没人管我。我生这么重的病，他们都没人来看我，还是你借的钱救我呢。我这病要好了，我要好好对你。"

这个女士给我把电话打过来。我说："死不了了。"她说："为啥？""好了嘛！一个'女'一个'子'，一合就好！"两个女哪能叫好啊？后来手术做完，恢复之后都看不见疤。我们到现在都是好朋友。他跟我说："秦老师，我现在才真正明白，为什么你劝我这么多年，让我不要跟我太太离婚，为什么说我太太救我命。"

真正恩爱的夫妻是一条命。伏羲大帝创造的八卦，阴阳鱼，正好就是一个'子'一个'女'，合一块就是"好"字，所以轻易不要离婚。所以大家要知道，我为什么讲求太太能得五福。

第五讲

改造命运，心想事成

做个有福人

确实,家庭幸福的方式可以用到社会上去,用到企业里面,用到各个方面。关键是我们如何把五福简单化地运用出去。我前面给大家讲的孝顺父母的方式,实际非常简单。我们要懂得我们的富贵与否、长寿与否决定权是在自己身上,在自己的眼睛、耳朵、嘴巴、行为和存心上面,而并非是在某一尊佛,某一个神,或者算卦大师手里。

"孝、笑、效",做自己命运的设计师

我们如何把自己变成五福之人?五福从哪里开始?第一是对太太好,第二就是孝顺双方的父母,四个老人。东南西北中,自己是东方木,岳父是西方金,岳母是南方火,父亲是中央土,母亲是北方水,这叫"外五福"。你五福全有了,那了不得,请问你能有什么事不顺利?

我在《你是自己命运的设计师》里面附了一段,讲我是如何改变自己命运的,讲得非常清楚。2004 年我在北京碰到两个大师都算我活不出二十五岁,命中无子,女儿也没有。可是我告诉大家,我是 1981 年出生的,今年都 34 岁了,有两个儿子。我用了半年的时间把命改了,从什么地方改的?就是从孝顺父母上,把命运改了。我为什么能讲"命运设计师",能讲风水?没学过,自悟出来的。孝敬父母能改命运,夫妻和谐能变风水。

第五讲　改造命运，心想事成

大师当时给我算命，说我活不过五月。很神奇，我记得五月三十号那天，我在楼上实在呆不下去了，就跑了出去。结果路上明明红灯，我却没看见，直闯了过去。一辆车刹车刹了最少十几米，在我面前停了。当时我就知道，灾难过去了。

那时候我就开始反省自己。为什么反省自己？我没有一点善念，看人常看人家的短处。这叫缺德。所以从那以后我看谁都好。杀人犯在他出生的时候也都是纯洁的婴儿。所以我记得佛经上有一句话，"先人不善，不识道德，无有语者，殊无怪也"。你看佛慈悲到极处了，给我们讲他是"先人不善，不识道德"，所以你别怪他。怪谁？怪他先人，他没教好子孙。

这就是"内五福"和"外五福"。我就用这种方法，让家庭越来越兴旺。公司去国外投资都让我管国外的项目，老板对我也越来越信任，什么大事情都和我商量。大家可以在我的博客上面看到我过去的相貌，瓜子脸型，人特别瘦，一百二十斤。你看我现在的耳垂，整个人的相貌跟过去完全不一样。所以想一想，这就是变化。要学会改变自己。我在单位待了十年以后，去开政协会的时候才知道我们当地房企一年卖一百套房，而我们单位开一次盘卖四百套房。我们想一想，你如果把自己变成有福的员工，老板跟着你都享福。所以我们遇诸事不顺的时候，是我们自己有问题。

很多人误解，问我是不是有很多逢凶化吉的方法。我告诉大家，最好的化解方法就是常为他人着想。我没有别的方法。我妈妈问我妹妹的婚姻，我都跟她说让她去念阿弥陀佛。我改命运的方法就是"孝、笑、效"三个字。第一孝顺父母，第二常微笑，第三效仿圣贤，学习圣贤。就这三个字。这是我改变命运的三个诀窍。

只跟圣贤学习，不跟愚人学，不跟坏人学。孝顺父母，这叫护根，根深则枝叶茂盛。常笑，这叫招阳，常愁则招阴。效仿圣贤，这叫充电。你经常充电，能量就足，你生活肯定就完美。我给大家讲的这个课，就是教"孝、笑、效"，实际讲得再多就这三个字。效仿孔子，效仿孟子。孝顺自己的父母，孝顺岳父岳母。给天下所有人一个笑脸，这叫元宝脸。你给别人元宝，别人回给你的就是元宝。你想想看，你能不发财吗？这叫场能啊，正能量。所以微笑是世间唯一不需要花钱的正能量。

我经常说的一句话就是，一个算卦的大师还指望给人算命挣钱，那就代表他不是大师。要是他给自己算明白了，就知道去哪个方向能发财了，哪用给人算命呢？

第五讲　改造命运，心想事成

一个看风水的大师，指望给人看风水挣钱过生活，那他给自己家看个好风水，就辈辈出人才了，哪用那么辛苦给别人看风水讨生活呢？所以我们自己才是自己的算命大师，自己才是自己的风水大师，自己才是自己的命运设计大师。真正的大师是自己。一切凶神恶鬼，不怕佛，不怕经，不怕咒，只怕人的慈悲心。你有了慈悲，就与诸佛相应；你正直无私，就与诸神相应，自得神佛护佑。

我给大家讲的方法，全是要求我们自己落实。你如何落实？如何让你自己变成一个真正的有福之人？我们古时候讲仁，仁者爱人；讲智，智者知人。我们要是仁和智都明白，则见人即知。所以要把圣贤教诲真正落实到自己身上，要如数家珍一样。

很多人都说"秦老师，你很神"，我说我不神。我的"神"在于我老实听话，照着做。你们不神的原因是光动嘴不动心，不落实。差别就在于老不老实。我老实，我落实了。因为我做到了，所以一见你我可能就知道你缺哪了。你要全做到了，我见到你就看不到你缺什么了。

就像我刚才讲的这对夫妻的例子。老公得了这么重的病，我一看到他太太对公公婆婆的这种孝心、爱丈夫的这种念头，我就知道她丈夫的病一定不会严重。很多人说这是不是神话？我告诉你这不是神话。这是因果，因果是哲学，因果是道理呀！因果是我们自己造的。

提升自身德行，学圣学贤

现在常说"核心价值观"，一个老板就是一个企业的核心价值观所在。你的价值观是什么？提升自己的德行。你要有仁，爱众人，众人拾柴火焰高。你要有智，要识人，会用人，这叫大智。

《三国演义》中的刘备，了不得，谦卑到极处，才能成就霸业。刘备的特点是什么？能弯下腰。我们看《三国演义》，看刘备的时候看得很憋气，怎么这么懦弱？我告诉你，刘备才是真正大智。为什么这么说？我们想一想，他的身份是皇亲国戚，他能和杀猪的张飞、鲁莽的关云长结拜，这是弯下腰，所以关云长和张飞豁出命来保他。是他成就了关云长，成就了张飞。我们称关云长为什么？义圣。守护他的皇嫂。厉不厉害？我们要学习。

刘备三顾茅庐请诸葛亮，把诸葛亮感动了，也是弯腰呀！我们想一想，谁能做到？你有没有耐心？过去的隐士太多了，诸葛亮成名，是刘备捧起来的。诸葛亮对刘备鞠躬尽瘁，死而后已。为什么？因为刘备能知人善任。他缺点可能多得很，可是他的优点也是很多的。所以我们在看古代名著的时候要看人物的成就点在什么地方，不是光看热闹的。很多人看电视跟傻子一样，上面哭呢底下也哭，上面笑呢底下也笑，完全不明白看电视的目的是什么。

就像很多人看《西游记》，都知道唐僧啊，猪八戒啊，沙和尚啊，孙悟空啊。可是我们知不知道，《西游记》通过这些人物讲的是慈悲能降服三毒。唐僧慈悲，猪八戒贪，孙悟空嗔恚，打打杀杀，沙和尚愚痴。三个徒弟代表的就是贪嗔痴三毒。你要看出道理来啊！谁把他们降服了？唐僧的慈悲啊。所以说仁者无敌，了不得。所以我们看电视、看小说，不能白看了，处处都是让我们学习提升自己德行的知识。这个非常了不得。

很多古人，他们的智慧，他们的德能，他们的人格魅力，是非常了不得的。很多企业家看成功学的书，看这看那。我要告诉大家，你要想真正学好企业家的管理，多向古圣先贤学习。全世界的所有五百强企业，比不过孔子，我们的孔子学院开遍全球啊！他是真正的企业家，几千年不衰败。各个国家的总统对他都要尊敬。孔子不用给我们发一毛钱，我们都在弘扬儒学文化。现在的员工你两天不发他工资，都要跟老板急。所以我们要做什么？儒商啊。我们再看看佛教的释迦牟尼，他的"连锁店"也是开遍全球啊。他的"员工"不用发工资，头都剃了，终身不娶，终身不嫁。你看看厉不厉害？你学十分之一，你是佛商，你是最大的企业家。

中国的传统文化值得全世界借鉴。为什么？五十六个民族、不同的宗教，能融为一体。儒释道三家文化的文明能相互和平相处，共同发展。这在世界上，独此一家。它是一个奇迹。所以企业家和谁学？和孔子学，和佛教学，和老子学，他们的企业几千年呀！这就叫厚德，了不得。

儒学的孔老夫子讲"仁智礼义信"，解决了人与人之间如何相处的问题。"儒"字怎么写？单人旁一个"需"，你只要是人你就需要。所以男子要儒雅，女子要儒雅。你要明白他的精华。

学佛的人，你要明白"佛"怎么写，单人旁一个"弗"字，佛是人成的。佛的愿望是人人成佛。佛讲的也只有五个字，生老病死苦。让你看破放下，明白如何解决生老病死苦的方法。他讲了人的来处，人的去处。

道家的老子，讲了人与自然如何相处，不能破坏自然。你看"道"字怎么写？首先的"首"字，人字头朝下，底下是自己的"自"。人要首先要求自己顺道而行，不要逆道。这是我们本土的文化。老子也给我们讲了五个字，金木水火土。顺之则生，逆之则克。很多朋友问我，说：

"秦老师，什么叫风水？"我告诉你，冬天穿棉衣，夏天穿短袖。这就是风水学，就这么简单。顺应四季有什么复杂的？还有人问我："什么叫天时地利人和？"我告诉他，"天时"是人的良心，"地利"是人的行为，"人和"是人的嘴巴，言语。就这么简单。

我参加很多活动都会遇到朋友们问我："怎么能得五福，怎么能得天地护佑？"我就告诉他，敬父如天，尊母如地，就得天地护佑。这叫幸福人生啊。所以我们古圣先贤讲"大道至简"。看成功学课，学这学那，不如把儒学佛学十分之一用到企业，成就大企业、强企业，就这么简单。

很多人跟我讲经济学。我说什么叫经济学？全世界的金融危机，所有经济专家没办法阻止，给全世界的经济专家打了一嘴巴呀。真正的经济学就是孝道文化，因为世界上所有文化的根是孝道，所有宗教的根也是孝道。离开孝道所有的文化不复存在。所以我们就明白了，我们要从做人开始，从行孝开始。这是我们幸福人生的源泉，道德的根基。

我们企业家只要做好了这一块，孝顺父母，孝顺国家，孝顺天下所有人，你就是大企业了。为什么？量大福大。

不管做哪种行业,都是为了服务大众。为了更好地服务大众,要弯下腰来。别学了两天就给人家当爷了,那就完了。得了点祖师大德的牙慧,我们就认为自己了不得了,不懂得谦卑了,横祸也来了。我讲的夫妻关系,也是延伸孝道。孝道在于我们如何尽孝于父母,夫妻和睦相处也是孝,做好企业,光宗耀祖,也是孝。所以在整个的人生环节中离开孝道是不能前行的。

现在人不懂得什么叫幸福,尤其在这个物欲横流的社会中,很多人满脑子都是钱。为了钱不择手段,为了钱手足相残,为了夺父母的财产不择手段。为了挣钱,违法乱纪,偷税漏税,做了很多危害国家社会的事情。这是不孝,是大不孝啊!这样做,五福就完了。五福一完,五罪、五祸、五殃就来了。所以我们一定要懂得,做人一定要求自己呀!"道"是倒过来要求自己,不是要求别人。

不要破坏孩子的天性五福

我们在做子女的时候,尽好孝。做丈夫、做太太的时候,也尽好自己的职责。在做父母的时候,不仅要做之亲,还要做之师、做之君,以身示范,教育好孩子。孩子小的时候,如果有恶的习惯、恶的言语,我们要立即纠正。这个非常关键。我遇到很多家庭都有这个毛病。孩子两三岁的时候会骂人了,家长还高兴得不得了,还向人宣布:"哎呀,你看我们家孩子会骂人了!"这个时候要坚决制止,这是我们作为父母的职责。

不知道大家有没有注意到,小孩子一出生就有五福。我们一旦把孩子的五福坏掉了以后,孩子就有五过了,也就有五罪。那这个孩子的未来就不顺了。孩子出生有哪五福呢?第一,小孩子是不会杀生的。这是我从我孩子那里发现的。我太太看见了一只蟑螂,就拍了一把。我儿子说话了:"妈妈,我要报告我老师,你欺负小动物。"你看看,小孩子天真吧。他不会杀生。这是孩子的第一福,这叫寿。不杀生,得长寿。

第二,孩子不会说谎。孩子说谎话都是跟父母学的。我们谎话连篇啊!这就把孩子带坏了。为什么这么说呢?有一天我太太早上起晚了,送孩子去幼儿园的路上就教孩子:"你去了给老师说,因为堵车所以来晚了。"我儿子到了幼儿园就跟老师说了:"老师,我妈妈说堵车来晚了。"老师就问了:"那堵车没有啊?""没堵车。"你看他不会说谎啊!孩子不会说谎,这叫诚实守信。得福啊!这就是企业家的苗苗了。诚信企业,能立足于社会。这是孩子的福。可是我们给孩子创造了什么?说谎的环境。我们想一想，是我们做父母的错了。

第三，孩子不会邪淫。他们不知道什么男女，哪像我们大人这么复杂。他们没有这种概念。男的和女的一走近，我们就想人家是不是有暧昧关系。你看我们思想复杂成什么了？你看小孩子多天真，连男女厕所都不知道，他随便去，不管那事。哪像我们简单问题复杂化，复杂问题痛苦化。我们有病啊。幼儿园园长跟我说了个问题。说现在家长真是都有病。开家长会，有一个家长把他孩子也带来了，因为没人看孩子。黑板上写着"1+1=？"底下家长都不说话。等了半天，鸦雀无声。那三岁小孩说："老师，那一加一不等于二吗？"老师说："答案正确。"一屋子家长没有一个人答，三岁孩子把问题答了。为什么？家长在想，是不是老师设的什么迷魂阵啊？绞尽脑汁在这想问题。就是不说一加一等于二。这是幼儿园园长告诉我的一个问题，说现在的家长不知道脑子都想啥呢。我们想一想，小孩子脑子纯洁、简单啊。

第四，孩子不会饮酒。喝酒是受家长、环境的影响。孩子都不会喝酒。《弟子规》上讲："年方少，勿饮酒。饮酒醉，最为丑。"喝酒以后，我们就会失态。

第五，孩子不会赌博，不会偷盗。你看看，孩子一出生就是五福。最后变得会偷东西，杀生，喝酒，邪淫，嫖娼，都是跟大人学的呀！各位，我们学习圣贤教诲，目的就是给后代子孙做一个好榜样啊。千万不要给孩子带去五毒，把孩子幼小的心灵毒害掉，因为小孩子一出生不会有这种习惯。

我们有孩子的家长就要反思了，你的孩子要是出现种种恶习，谁造成的？我们天天抱怨社会，抱怨学校，抱怨老师，甚至抱怨爷爷奶奶娇惯。可我们从来没有反思是自己没有尽职尽责。我们错了。告诉你，你挣钱再多都是"五贼"所有，不是你的。

"忙、盲、茫"，挣钱再多都是"五贼"所有

你认为钱多能帮助你教育孩子？我去少管所演讲的时候遇到很多例子，女孩子开奥迪车还抢劫呢。干啥？女孩说"这样抢劫比较刺激"。你看有钱人把孩子惯成什么样？所以很多人挣钱都是"五贼"所有。地震来了，火灾来了，房子没了，你钱在哪里？命都没了。违法乱纪挣的钱，官府收去了。家有不肖子孙，你钱再多，都经不起不肖子孙败掉。这叫"五贼"的财，不是你的财。我们忙着挣钱，天天忙得要死。我告诉你，你完全疏忽了挣钱的目的。你挣钱的目的就为了幸福的人生，幸福

的生活，幸福的家庭。但是在挣钱的过程中，家庭不幸福了，人生不幸福了。请问你挣钱干什么呢？不是找死吗？你穷得不就剩下钱了嘛！所以有的人一打电话，"我忙得很，忙得很"。你忙啥呀？忙死啊，真是忙死。等你挣了一大堆钱，对父母没有尽到孝，对太太或者丈夫没有尽到责，对儿女没有进行正当的教育，并且已经把教育子女的最佳时间给丢掉了。在中年的时候，你就守着钱哭吧。那个时候你就会盲目了。这个盲目的"盲"怎么写？上面也是"亡"，下面一个"目"。到那时你穷得只剩下钱了，你才知道钱不能帮助你尽孝，钱不能帮助你教育孩子，钱不能帮你维持夫妻关系。

你在挣钱的过程中，忽略了人世间最真切最真挚的感情，利欲熏心，满身都是铜臭味。到中年的时候你就知道后悔了。但是那个时候你再后悔，就真晚了。

所以我们大家要懂得，人生的幸福是什么？一辈子盲目了，等你老了，你就只剩下茫然了。这个茫然的"茫"字怎么写？草字头，下面三点水代表着财，底下一个"亡"字。一辈子光会挣钱找死。为什么？家风不好，门风不正。儿女为夺你的财产，把你送到敬老院去。什么王总李总的？让你到敬老院变成33号、55号、66号。你看看，钱对我们来说没有任何意义。

我们想一想，什么叫幸福人生啊？真正的企业家要学儒商，要学佛商，承担起社会责任，国家责任，家庭责任，教育子女的责任。钱再多，如果不能把自己的子女培养成对社会国家有贡献的人才，你都是最大的缺德。等你百年以后，见了老祖宗你有何颜面啊？

所以人生要微笑、孝顺父母、效仿圣贤，千万不要忙挣钱、盲目、茫然。

做个有福人

见贤思齐,传递幸福

人生的幸福,完完全全都在于自身,提升德行、人格魅力,才能影响家庭,影响一个团体,影响企业,影响社会。这是我们要做的。就像我们昆明企业家一样,要组织一个传统文化团队。这了不得啊!传统文化把我们相约在一起,那我们应该共同在企业里面落实传统文化,让家里人受益,让员工受益,让社会受益,让我们这个地区人人都是传统文化的弘扬大使。这是我们该做的事情。

我们企业家如果能够负起家庭责任,负起社会责任,负起国家责任,并且共同去帮助特困学生,帮助孤寡老人,给学校给团体赠送传统文化书籍,让更多人知道传统文化是幸福人生的文化,这样做了不得啊!谁都想幸福啊,官员看到不贪污了,任何人看到以后都会知道自己该做好自己的本分。这是我们要做的事情。

现在很多人不懂得不明白学习传统文化的真正意义,学偏了,学错了,学乱了,还认为自己学得很好,其实给别人带来了更多的伤害和痛苦。学传统文化,要让自己快乐,别人快乐,让自己幸福,让别人幸福,这是学习的目的。如果你学了以后还痛苦,还发脾气,还没有解决的方法,那么就是你还没有学好、落实好。有传统文化，就有解决的方法。哪有解决不了的？在家庭，传统文化生活化；在企业，传统文化企业化；在学校，传统文化学校化；在社会，传统文化社会化。传统文化与我们在任何一个环境中都是不脱节的，是相辅的，能够帮助我们更好地提升自己的人格魅力，提升德行。

让男人更像男人，女人更像女人，人人都有人的味道，这是推广学习传统文化的目的。学传统文化的人，尤其要学大肚量。我遇到很多学传统文化的，各自为政，各自为方。我学我的，他学他的。不要忘了，我们都是炎黄子孙啊！不学传统文化还好，一学传统文化，搞得四分五裂了。哪有这个道理啊？是不是？学了哪能学成这样啊！是我们有病啊，老祖宗没病啊。

所以，任何时候我们传统文化的团队都要一个拳头朝外，不能自相残杀、相互贬低啊。上等学传统文化的人，是人捧人高。中等学传统文化的人，是人不理人，你成立一个促进会，我成立一个国学会，各自走各自的，好像显能一样。你有多能啊？比孔子能？比孟子能？是不是？我们弘扬传统文化是为了更多人受益，更多人幸福，

做个有福人

不是为了宣扬自己有能力，宣扬自己有文化，宣扬自己好像跟圣贤沾亲带故一样。不是这样的。那是狐假虎威啊！那是借圣贤人的智慧满足了我们自私自利、求名求利的思想，有问题啊！

我经常讲，我们永远要记得，在这个世界上任何一个人都有他的长处。长处是我们该学习，落实发扬光大的。可是我们也不要忘记，人不是圣贤，谁都会有短处。短处是我们该帮助他弥补和规避的。取长补短，这是我们学习传统文化的人该做的事情。在别人犯过错的时候，我们不能指责，不能谩骂，而是要理解他，帮助他纠正过错，让他成为一个完美的人。

人这一生都会遇到三种人。哪三种人？遇到能人干大事，遇到好人干好事，遇到坏人干坏事。但是我们现在人不明白，遇到能人我们是不做事，是嫉妒人家。遇到好人，我们还会说："你看那作秀呢，那哪是做好事呢？卖名呢。"我们不能见贤思齐。可是我们见到了坏人做坏事，却同流合污。这个是我们有问题啊！所以我们遇到能人一定要干大事，共同合作，互惠互利。就像企业家之间，相互合作，把企业壮大，共赢。遇到好人以后，我们即使没有钱，也有嘴是不是？有钱出钱，没钱出力，没力出嘴，功德一样啊！你拿嘴弘扬也行。我们一定要思人善，才能真正成为一个幸福的人。现在的人不明白，遇到好人毁谤人家、攻击人家，遇到坏人同流合污，遇到能人嫉妒人家。我们错了，我们有问题啊。

常为他人着想，心想事成

我有一本书叫《心想事成的秘诀》，讲如何从天性出发，让所有事情都能心想事成。我告诉大家，我经常心想事成。

我经常向全国捐赠《弟子规》，现在已经赠送一千多万册了。每月做慈善。我们当地很多人说："你看你做了这么多慈善，却从不让政府把你表彰表彰，把你夸奖夸奖。"刚一说完，也就最多一个月的时间，中国绿化基金会给我通知，要我身份证号码，说我在保护野生动物和环保上面做了杰出贡献，给我颁发一个绿色大使证书。你看看，别人刚说完，这就应验了。

还有呢，人家说："哎呀，电视新闻里正在报导发射卫星呢。"我就想，我啥时候也能看看发射卫星到底是什么样？谁知道这之后就受到邀请，亲自看了卫星发射。真是心想事成。

我想，为什么有的人心想事成？为什么有的人自作自受？心想事成的原因是你常为他人着想，自然心想事成。自作自受的原因是因为自私自利，做任何事情都只想到自己。这里就有问题啊。

我就是这么走过来的。学《弟子规》，我就是知道一句，落实一句。《弟子规》我们都知道，1080个字，113件事。我们做了几件？没做几件。有的人可以把《弟子规》倒背如流，嘴念烂也没用，不落实。《弟子规》不是拿来背的，不是拿来读的，是拿来做的。把你自己变成一个活体《弟子规》，别人一见你，你就是《弟子规》，你就成就了。天天嘴背得溜溜转，该骂人还骂人，该发脾气还发脾气，别人一看就是卖嘴货。完啦！所以我们要真干真做啊！真干真做，真得到。

所以幸福人生就是这样做的，你要是照着我说的方法做了，五福临家，路路畅通。

"家庭五福"落实好，家庭幸福，家和万事兴。"外五福"落实好，真正孝顺好自己的两边四位老人，我们在人生道路上才会四平八稳，五福临企业。做企业的，东南西北任何地方都要走，你要想企业兴旺，只需要孝顺自己的岳父岳母、孝顺自己的父母就行了。男人要是对岳父岳母不好，这叫有病，脑子进水了。为啥？人家养个女儿二十多岁进到你们家了，你还对她爸妈不好，你说你不缺心眼吗？是不是？所以给老人花点钱，怕什么呀？所以我们要真正懂得，真正明白了以后，你就真干真做了，发自内心地做，生意就来了。

大道至简，重在落实

我讲的方法特别简单。先当个好人，先微笑，向所有人微笑，这叫元宝，招财。脸一朝上，接天福。一愁眉苦脸，朝下，这叫漏福。就这么简单。有人说，这笑谁不会？两个眼睛一眯呀。我告诉你，你真不会。

小朋友得到一个糖，他都笑得那么灿烂，那是真笑。我们挣个一万块钱还嫌少，痛苦成那样。我教给大家的方法非常简单，每天拿一面镜子照着自己脸，微笑五到十分钟，觉得自己可爱了再出门，这样你今天遇到的会全是可爱的人。

做个有福人

所以很多人说转变命运最好的方法就是微笑，笑一笑，招福。那第二个呢？孝顺自己的父母，这叫护根。第三个，效仿圣贤，这叫充电。孝顺自己的父母，家庭五福临门。常微笑，外面五福临门。你一笑，五官全动了。五官只要一动，五福就来了。你一愁，这五官全往下拖拉了。这福就丢了，祸就来了。你效仿圣贤，和圣贤为伍。这就像你想挣一千万，你要和千万富翁在一块，给你传递的是赚一千万的方式。你天天跟乞丐在一起，你只能得到乞丐的方式。学习圣贤就是适应社会，服务大众的。孝顺父母就是服务家庭，知恩报恩的。常微笑，就是利益自己，招财招贵。就这么简单，谁都能做到，就看你做不做。

我看到一本书讲过这样一个故事。一个人碰到了一个神仙，神仙就告诉他："我能满足你三个愿望。第一个愿望，能让你成为当地最受人尊重的人。第二个愿望，能让你娶到一个最美丽和贤惠的妻子。第三个愿望，能让你挣一大笔钱。"后来这个人死了，三个愿望一个都没实现。他就找到这个神仙问："我怎么一个愿望都没有实现？"这神仙就说："在你们那儿地震的时候，你完全可以跑出去帮助人、救人，可是你怕自己家被贼偷，没出去。所以你失去了被人尊敬的机会。"你看，人要付出啊！当别人有困难的时候，当帮则帮。真的是这样。有些学传统文化的人并没有做到这点。

有一个学传统文化的老师曾邀请我到贵州讲一堂课。晚上他和我在贵州大街上遛弯,看到一个小伙子在街边要钱。他面前放了一张大纸,写着他把钱丢了,需要几块钱买一点东西。我们大家可能都碰到过。我看了以后就给他放了一块钱。这位老师追上我说:"秦老师,不能给钱。"我说:"为什么呀?"他说:"他不缺胳膊不缺腿的,你为什么给他一块钱?"我当时一听,我说:"你残忍至极。人家无非缺了几块钱是不是?买块面包,吃碗面条。你非要人家缺了胳膊缺了腿才给?你说你残忍成什么了?"他一听:"有道理啊,秦老师。我这人真是很狠毒啊。"所以我们有时候经常做一些愚蠢的事情。至于他是不是骗人,我们不管他。我们发心是善良就行了。是不是?所以我们起心动念一定要以善为主,要止恶。

刚才那个故事里面的神仙讲:"你该去救人的时候你没救,失去了被人尊敬的机会。你这一生只爱上了一个女孩,但是你不敢向人家表达,怕人家拒绝你,你没有说。你就失去了机会,她嫁给了别人。"他说:"哎呀,确实是这样。"

各位好朋友，我们现在已经接触到了传统文化，学习了传统文化，在听老师为我们讲解之后，要赶快去落实。不懂的地方，抓住机会赶快问，不要碍于面子不问。你要是想这么多人听到了笑话我怎么办？我告诉你不要怕被笑话，也不要怕说得不对，有机会一定要抓住。再忙的工作也要放下，一定要抓住亲近善知识的时间，去学习，去落实，让我们的人生有目标，让我们的人生更幸福。

故事里面这人又问神仙，第三个愿望为什么也没实现？神仙就说了："你看到一次发财的机会，你想去投资，可是你怕赔就没去。机会丢掉了。"告诉大家，我们都比故事的主人公幸运，原因是我们还活着，我们也已经接触了传统文化。让传统文化给千家万户带来光明，带来幸福，带来祥和，有利于中华民族，这是我们肩上的担子啊。参加传统文化论坛，不是来看热闹的。一看，这里的素菜素饭很好吃。不是这样，人家不是让你来吃的，是让你来学的，学了以后要去落实的。我们大家要明白，要懂得。

所以，我们学习了传统文化，赶快落实，不要停留在嘴上。落实的过程中有问题，解决问题。实在解决不了，要找老师解决。比如学了传统文化给人家鞠躬，可是人家不鞠，多尴尬啊，这咋办啊？没关系，你鞠你的，你管他干啥啥？中医讲了，多鞠躬不得颈椎病。这一想不就完了。是不是？

　　学而时习之才是真正学习到了传统文化的精华。别怕，怕啥呀？我有一次领几个志愿者在我们当地公交车上劝乘客不要抽烟。遇到第一个人上来抽烟，我就咳嗽两声，我说："这位先生，不好意思，请把烟掐掉。我咳嗽。"一下连续站上来七位抽烟的乘客。我心说老天爷整我吧？没办法，坚持这样劝说，还要带笑脸。到了第七位的时候，我还没说话，我边上一个女士说话了："这位先生，你把烟掐了吧！我旁边这位先生感冒了咳嗽。"你看，我们的坚持就能得到别人的支持。就这么简单嘛。

第六讲

知行合一，五福临身

做个有福人

我们继续今天下午的最后一堂课。这堂课是这两天课的一个总结,也是对关系到大家切身利益和切身幸福最关键方法的介绍。从昨天到今天,我告诉了大家很多方式,但人生过程中我们所有的幸福都是在于自己。改变我们自己以后,人生才能得到真正的幸福,真正的快乐,才能孝养好自己的父母,对另一半尽到职责,为自己的孩子做好模范,把他们培养成对社会对国家有用的人。

下午要给大家讲的这堂课也非常简单,做好"自身五福",五福临身。我们每个人,天生就具备五福。我上午给大家讲过,孩子一出生不会赌博,不会偷盗,不会饮酒,不会杀生,不会邪淫。可是小朋友一出生会有五种恶习。这五种恶习与五福临身正好是对立的,制止这五种恶习就能够五福临身。

这五种与生俱来的恶习,第一个是贪。小朋友出生后有贪心。你看给小朋友喂奶的时候,如果强行把奶瓶拔掉,他们双手会死死抓住不放,是不是?你要是抱着别人的孩子,不抱他,他会抢怀,他会生气。我们家儿子两三岁的时候,家里买了一个玩具娃娃,在床上放着。谁知道我们回来的时候这个玩具娃娃就掉在了地上。怎么回事儿呢?原来是孩子自己把这个娃娃从床上拉了下去,扔在了地上。他认为是别人睡了他的床。你看他贪啊。所以小孩子有贪心。

第二个是嗔恚。他们会生气,会发脾气。你要是拿了一个糖给别的小朋友，没给他，他就会生气。不过他们很真实，不高兴就是不高兴，立即就会表现出来。

第三个是愚痴。为什么愚痴？他见所有女人都能叫妈，所有男人都能叫爸。你说："我给你个糖，你给我叫爸。"他马上管你叫"爸爸"，糖就到手了。我们大人就不会了。所以小孩很愚痴，只要有奶便是娘。

第四个是疑。小朋友比较疑惑，爱问这问那。有本书叫《十万个为什么》，就是针对孩子的问题和疑惑。我们认为孩子可能不懂，想知道，实际不是。你给他讲了，他还是不明白，还想要问。这叫疑。

第五个是慢。别人去读书，他不读。上幼儿园，人家写作业，他就不写，慢慢腾腾的。

所以孩子一出生不会饮酒，不会偷盗，不会妄语，不会邪淫，不会杀生。但是有贪嗔痴慢疑，这是孩子会的。

所以我们为什么要学习圣贤教诲？学习圣贤教诲的目的就是为了治这五种恶——贪嗔痴慢疑。治贪嗔痴慢疑，儒家用"仁智礼义信"，比如仁爱则止贪。佛家用的就是"生老病死苦"，让你看破，让你放下。道家就是用"金木水火土"，顺则生，逆则克。他们用的方法不同。我要给大家讲的五福非常简单，也能帮助我们解决贪嗔痴慢疑。从什么地方着手？还是"我"，要先把自己改造好。你看孔子把自己改造好了以后，教导出了七十二贤啊。这就了不得。孔子不明理的时候是周游列国，受了很多挫折。当他最后明白了以后，开始教学，他就成就了。

知行合一才为圣人，知而不行不为圣人。我们如果学习了，知道了，但不能落实，不能关系到自己的切身利益，不能帮人，学了就没用，没有任何价值。

布施微笑——喜神临身

我们自身的五福从哪里开始？非常简单，第一个还是微笑。这个非常重要，为什么？布施微笑，捐赠微笑，给予他人微笑，就能止贪啊！我们想一想，给钱你心痛嘛，是不是？让你给物吧，你也会心痛。可是给人微笑你又不会缺一块肉啊。所以从今天开始，把我们云南人民灿烂的微笑捐赠给全世界人民，好不好？（观众答：好！）你一微笑，就变成了元宝了，招财了。全世界人民就跑到云南旅游了，云南人民发财了。这就是招财啊，了不得。一看到你的笑容，大家就会觉得云南人民真好，喜欢云南了，企业家投资了，在这里买房了，带动了当地经济。所以第一个还是微笑。这个是非常重要。

■ 第六讲　知行合一，五福临身

我记得最初学习微笑、推广微笑的时候，那时我住在一楼，有个老阿姨在三四楼住。有一天我们在楼道里碰到了，我就帮阿姨把电梯打开，还冲她来了个微笑。电梯门刚要关，这个阿姨就说了："你别着急。"我说："怎么了？"她说："你为什么冲我笑？"我说："因为您很慈祥啊。"她说："不对，你是不是有什么想法？"太可怕了，我才知道人把最简单的微笑都能想歪。我跟阿姨成了熟人以后，我就问她当时怎么想的？她说："我们家人都不笑，都已经习惯了。儿子媳妇回来就跑他们房间看电视去了。这老头子也不笑，我们就死巴巴在那儿看完电视，各自睡觉。我们从来都不知道人还要笑。你冲我一笑，我就觉得怪怪的，觉得你对我有想法。"这就是我第一次推广微笑的时候遇到的。和这家熟悉以后，阿姨的老伴跟我说："我们家里至少把微笑弄丢了十几年了。儿子也不笑，媳妇也不笑，所以我们老两口也不笑。家不像家，像宾馆一样，相互不交流。"实际上，一个小小的微笑就能让家庭祥和，让人与人之间的关系融洽，化解人与人之间的矛盾。这个是非常重要的。所以我们要在家庭里推行微笑，在企业中推行微笑，在团体中推行微笑，在社会上推行微笑。微笑不需要花钱，可是能真正地解决问题。

大家可以观察一下，猫和狗都不会笑。人要不笑了，就跟动物一样了。人和动物有一个区别就在于人会微笑。很多人说："秦老师，不能笑，一笑长皱纹。"我说因为是假笑不是真笑，所以才长皱纹。为啥？假笑是皮笑肉不笑，脸抽筋了，严重就变成面瘫了，肯定脸上长皱纹。你要正儿八经发自内心地笑，笑得像元宝，招财招贵，就会越来越富态。

我记得有一次老板给我分配的工作任务压力比较大，回到家里我就没笑。我妈第二天早上就问我，说："你们老板是不是说你了？"我说："没有啊。"我妈说："昨天你回来，一脸的不高兴，妈一晚上都没睡好觉。"你看看，我们的一个不高兴，影响了父母的睡眠。我太太更有意思，冲我儿子讲："别去你爸跟前，你看你爸的脸抽巴的。别让他发火把你骂一顿。"我才知道，笑能让家庭祥和，能让家庭气氛活跃。笑也代表一个人的活力。年轻人的笑是阳光，老者的笑是慈眉善目。

所以我们要把我们的微笑捐赠出去。我经常讲，会笑的人能化灾。我在北京的时候，有算命大师说我命不好，活不出二十五岁，命中没女儿，儿子更别说了。我问他为什么？他说："你看你这相。"我当时看我的相，哪看哪不好。我当时在家里待了半个月，一直就在想，难道人的命运、人的贫穷富贵都是命里注定好的吗？不可能吧！我想吃西瓜，它不能注定我吃南瓜嘛。是不是？我想喝开水，它不可能注定我喝凉水嘛。哪有注定的？我不相信。

我就在想，化解人生短命，化解人生不幸福的最好方式是什么？我想明白了。怎么明白的？进寺院第一个大殿叫天王殿。大殿里面第一尊佛是弥勒佛，也叫弥勒菩萨。我一看他的面相，一想，知道了，明白了。为什么？人一笑，这个风水就动了，风水就活了。这就是上等风水。所以我说弥勒菩萨是风水的师祖爷啊，太了不得了。我是在寺庙发现的这个秘密。我再看四大天王各个的面相，代表了人的丑陋现象。我一看韦陀菩萨，伸张正义的，我才知道公正无私韦陀护你。

人常微笑，风水就好了。我才知道，原来人笑了以后，喜从天降。印堂发黑的人，笑久了黑气就没了。你心里面的怨气，心里面的愁事，心里面的种种不安，一笑就宣泄出去了。宣泄的方式有很多，骂人也是宣泄，哭也是宣泄，发脾气也是宣泄。那我们为什么不转变成微笑呢？同样是宣泄，微笑没有伤害，反而会让我们的夫妻感情增加，人与人之间友情增加，同事之间更加和谐。转换一下就行了，就这么简单嘛。

所以会笑的人，叫喜神临身。常遇喜事，不遇悲事。我这人常遇喜神，遇谁都好得很。真是这样。有人说工作中会遇小人。当你说别人是小人的时候，其实对方也认为你是小人。你说人家是贵人，你也变成人家的贵人了。物以类聚，人以群分嘛。这是《易经》上讲的。所以我们就能明白，我们能遇小人，证明我们也不是什么大人物，也是小人。你看，贼认识的大多是贼，乞丐认识的大多是乞丐。我们学传统文化的人，遇到的都是学传统文化的。这个全是自然形成的。如果我们常乐，常遇到的也是元宝脸的人。这个笑太了不得了。

所以我就推广笑。凡是听过我讲课的人，大家都知道，我天天教人微笑。微笑像元宝，招财招贵。你招不来财，招不来贵，代表你还是不会笑，你笑的功夫不到位，你还是假笑，你还是强迫自己笑。你要发自内心高兴啊！笑容展现出来之后，能降人之祸，带给人清净。我太太一骂我，我就笑。一笑，她就不骂我了。她说："你嬉皮笑脸的，笑嘻嘻的吃了喜娃妈的奶了？"刚说完这话，她也就笑了。

所以我们要将笑活用，这个很关键。大家有没有注意，你站在大街上看，十字路口来来往往那么多人，可是几乎没有几个人会笑。这个可怕得很。我们人都不会笑了，就是畜生社会了。猫和狗的眼睛都发蔫,一点不阳光,没有朝气。人要不笑了也跟它们差不多。所以我们要笑,笑要像元宝一样。可我们千万别傻笑啊!这就有问题了。一个男士不要闲着没事冲着一个女士傻笑。人家丈夫知道了抽你耳瓜。适可而止,这也很重要。要非常正常地笑,年轻人阳光地笑,老者慈眉善目地笑。

所以第一福就是喜神临门,招喜。非常了不得。就是因为我这个微笑,我才升职了,工资才涨了。

所以这两天课听完,你只要把这个微笑落实到家庭,落实到企业,落实到工作环境中了,你一辈子遇贵人,一辈子发财。为什么?巴掌不上笑脸汊。你冲他来个微笑,他不可能打你一顿呀,是不是?所以第一福,微笑,喜神临门。微笑太重要了,化解矛盾,拉近距离,增加感情。党的十八大讲到建设美丽的中国,美丽的中国是因为有美丽的中国人,美丽的中国人是因为有元宝脸、有微笑而更美。

你今天听完课以后回家冲你老公先来一个微笑。你老公会说:"你听啥课了,对我嘻哈哈的。"你说:"老师讲的,这叫元宝脸,招财旺夫,我旺你来了。"你看给他高兴的，是不是？要是你听了两天课以后回家，"你这不对，那不对"。你老公就该说了："你别去了，你这一去，回来成神经病了，找茬！"男士也要微笑，男士笑了以后旺妻。如果你天天给老婆不好脸色，她想笑、想旺你都没办法，老觉得自己做得不好，她就要哭啊。

老板给员工一个微笑，员工会认为这是老板对他的认可，这对员工是一种鼓励。你见一个员工脸抽得那么长，老板着脸，那怎么行呀？所以要微笑。

耳听圣贤——福神临身

第二个是什么？耳朵。我们要把我们的五官变成五福，把五福落实到自己身上。让我们的耳朵听该听的，不要听不该听的。很多人说："秦老师，我怎么能不听是非呢？"我说："视而不见，听而不闻。"你连你的耳朵和眼睛都管不住吗？耳朵和眼睛只是你身上的器官，它在帮助你享受生活，提高自身的人格魅力。我们要指挥自己的眼睛展现厚德，让我们的耳朵展现厚德，这个是非常重要。

我们的耳朵要听圣贤之命，要听正能量的东西，不听是非，不听尖酸刻薄之词。不要让脏的词语进入我们的耳朵，不要接受垃圾人的信息。看见垃圾人怎么办？赶快跑。我记得我在北京的时候，有一位女士到店里找我。

我给我一个朋友说:"垃圾人来了。"我的朋友说:"哪有垃圾人?捡垃圾的吗?"我说:"我把耳朵关上了。"他说:"耳朵还能关上?"我说:"不信你看。"这位女士来了坐下就开始说:"你是秦老师?我有问题啊!我老公不好啊,我老公对我也不好啊!他抽烟,他喝酒啊!他作恶啊!""他这他那"说了一大堆。完了以后,她问我:"秦老师,你听明白没有?"我说:"明白了。"她说:"你明白什么了?"我说:"我明白了,你很伟大,你很优秀,你是好人。你怎么嫁给这么一个恶劣的人啊?你的肚量、你的涵养、你的修养上哪去了?你都没有办法把你的丈夫变成一个优秀的人,那你就是垃圾呀。是不是?"

  在学习圣贤教诲的过程中,夫妻相处时就是要把自己的德能体现出来,感染影响对方,帮助对方把长处发扬光大,帮助对方把过错越犯越少,帮助对方改正缺点。这是夫妻该有的生活方式。

  我就问这位女士:"你谈恋爱的时候,要是你妈不同意,你和你妈还着急呢,你肯定说他哪哪都好。怎么现在一结婚看他哪哪都不好了?"怪不得古人创造婚姻的"婚"字，一个"女"字，一个"昏"啊，一碰到感情，晕了！什么原因？我遇到很多人都说"父母不同意，自己同意"，可同意以后自己又后悔。这就叫什么？不听老人言，吃亏在眼前。常听老人言，幸福在眼前，福神临门。

所以我们的耳朵一定要听父母之言。为什么？父母的经验足。他们吃的盐比我们走的路都多。我们还蹦蹦跳跳，跳啥？父母说得对，我们多听。父母说得不对的时候，我们也要看父母是站在什么角度上为什么说这样的话。我们想一想。

这个很关键。我记得我在北京的时候，有一个老太太对我比较崇拜，听过我很多课。老太太有一个习惯，爱打麻将。有一年过生日，儿媳妇送给老太太一个手表，女儿给老太太买了对金耳环。老太太就戴着金耳环，戴着手表，高兴地跑去打麻将去了。这边打着麻将呢，一个牌友就说了："你今天有变化呀！还戴着金耳环，戴着手表。手表谁送的？"老太太说："过生日儿媳妇送的。"还有的问："这耳环谁送的？"老太太说："我女儿送的。""哎呀，还是女儿好。"她说："怎么了？""金耳环好事成双，是不是？那个手表的谐音叫'送终'"。老太太一听心里不舒服，牌也不打了，回到家就蹦跳骂得很生气，跟媳妇生气，跟儿子生气。

这儿子媳妇不知道到底什么原因，就给我打电话。

我一见老太太脸扯得像驴脸那么长。我就跟她讲:"老太太要有老太太的样,老太太要'性如灰,坐在床上笑微微'。这叫老太太样啊!您性格哪能还这么暴躁?是不是?"她就跟我讲:"秦老师,你看这表。"我说:"表咋了?""送终。"我说:"谁说的?""牌友说的。"我说:"牌友给你送的表吗?""不是,儿媳妇送的。"我说:"你跟你儿媳妇亲还是牌友亲?""肯定媳妇亲啊。"我说:"那就怪了,那牌友说两句话,你怎么跑到家里撒气去了?发歪啊。"她说:"秦老师,我给你讲,这表就是'送终'的谐音。"她说,"你看这耳环。"我说:"怎么了?"她说:"我女儿送的。这叫好事成双。"我说:"你傻啊,老太太。谁戴耳环不戴一对啊?带一只,你耍酷啊?"老太太一听,有道理啊。

你看看,我们有时候这个耳朵不能分辨是非,不能分辨正邪,别人两句话就把我们的火搓起来,我们回到家里,却对我们最至亲的人下毒手。

我们为什么要学圣贤教诲?就是为了止我们的愚,止我们的嗔恚。所以我们要笑,给人布施微笑,就能止贪。耳朵只听圣贤教诲,就能止嗔。当耳朵只听圣贤教诲的时候，就能分辨善恶正邪，你就绝对不会起怒。别人一夸你，你就能得意忘形，别人说两句不好的话，你就要暴跳如雷吗？我这一说，老太太一想，还真是啊。我说，牌场上笑里藏刀啊！什么哥们姐妹，屁股在那一坐就要想"我要把他们三个人的钱都赢光"，那才是狠毒心肠。我就跟她讲："你儿媳妇给你送表的时候怎么说的？""她说我一打起麻将来就超过十二点，让我每次看表十一点半就回家吃饭，不然对身体不好。"我说："你看你，遇到这么好的儿媳妇，你还挑刺？"

所以我们有时候应该想一想，我们的耳朵有没有真正发挥它的德能，还是变成了作恶的工具。我们微笑，眼睛就是行善的工具；我们的耳朵听圣贤教诲，耳朵就是行善的工具。我们的器官就是我们的工具。我们不要用眼睛作恶，恶视别人；不要用耳朵作恶，常听是非；不要脏了我们的眼睛和耳朵。我教的这个方法要落实到自己身上，不用管别人，不用要求别人啊。要求自己天天微笑，要求自己不听是非，听圣贤言。你们如果能做到，个个五福临身，是有福之人。

我在西安的时候遇到一对夫妻，恩爱二十年，感情特别好。男士是我的一个朋友。有人发暧昧短信,发错了发到这位男士老婆手机上了。这男士发现了,心想:"怎么还有人追我老婆?你看发这暧昧短信,不知道他们好了多长时间了。"三七二十一不说,就跟老婆生气打架,打完架就要离婚。这女的就觉得委屈,说,"我啥事没有,这好好的,他还老生气。不行,离就离!"就离婚了。离了以后,他还不解气,给发短信那人打电话,非要把这个奸夫揪出来收拾一顿。一打电话就说:"请问你跟我老婆什么关系?"对方一愣:"我跟你老婆什么关系?你胡说什么呀?你老婆叫啥名?"说了后,对方说:"我不认识你老婆。""那你怎么给她手机发短信?""我情人的号码跟你老婆的号码差一个数字,我这发错了。"你看看。他们到民政局复婚的时候,走到门口,谁都没进去,都走了。最后总结了一句话:夫妻恩爱二十年,价值不到一毛钱。一个短信毁掉了。

这是我在西安看到的一个真实事件。有没有想过,你对对方的爱，你对对方的情，能不能经得起一毛钱短信的考验？这时就需要用正知正见、用智慧来指挥我们的器官了。要有容人之量啊。

学习了圣贤教诲，我们就能明白，血浓于水，情重于钱啊！一定要明白这个道理。我们要聚了财，人则散；聚了人，钱则来呀！所以一定要重情重义，不要重财重物。这个非常重要。

所以我们要时常关照自己的耳朵。如果你想得福，那么你是让耳朵来听圣贤教诲，还是听是非之言、尖酸刻薄之词？后者会影响你的心情，影响你的行为，甚至会影响你一生的思想。这个很关键。耳朵用好了，幸福一生。眼睛用好了，喜乐一生啊！

我们能不能管住自己的眼睛，绝对不恶视，不斜视，不看不应该看的东西？（观众答：能！）太好了。那能不能管好自己的耳朵？（观众答：能！）真好。让我们的耳朵变成听取福音的渠道，给我们增加正能量。不要因为别人的两句话，就令我们对最至亲的人下毒手。

善言善语——财神临身

微笑，这叫喜神临门。听圣贤教诲，听正能量的东西，这叫福神临门。第三个是什么？嘴巴。你看我们的嘴巴，好说也是说，坏说也是说，为什么我们不好说，非要坏说呢？要把我们嘴巴管住。就像我昨天讲的，我们用三年时间学说话，却要一辈子管好我们的嘴啊。这很关键。

我在老家时看见过这样一件真实的事情。有个女士特别爱说话，话非常多。她还经常说："我这个人心直口快。我都说的大实话，可是大家都不爱听。"我们农村有一个讲究，孩子过满月的时候要请全村人吃饭。有一家孩子满月，过来请这位女士的丈夫，和这位女士就说："你要不就别去了。"她说："你看我老公都去了，你不让我去，这不是看不起我嘛。我保证绝对不说话，你就让我去吧。"主人家没办法，把她也请去了。吃完饭，主人家送她走的时候，她跟主人家说："我整个吃饭过程没说一句话。我告诉你，你儿子再死了与我没关系。"不说话，不说话，一句话出来，完了！这是真实的事情。人家给儿子过满月呢，是不是，你看她这最后一句话说的。你要说她，她还说："我心直口快！"把主人家气得没办法。这种现象特别多。

昨天有一个老师更有意思,他说:"你都不知道,秦老师,现在孩子都缺德。"我说:"你缺德,怎么能说孩子缺德呢?"是不是?一巴掌拍得太远了,还"所有孩子都缺德"。孩子缺德的原因是父母缺德没补上。哪能说话占面积这么大,是不是?所以学传统文化口要留德啊!哪能这么说话呢?传统文化没有让你变得善言善语,反而把你变成泼妇泼汉了。这可怕得很,谁敢跟你学呀?一学就变成这样了,是不是?

我还看见过一个例子。我去坐火车,看到一个检票员,非常认真地工作,可是一看那个脸就不会笑。一个女士领一个孩子要进站,她就说了:"你孩子超高,逃票!"这女士说:"逃啥票呀?我孩子超啥高?我孩子穿的鞋跟高。"鞋脱了一量刚合适不超高。他们就开始吵架了。这个旅客得理不饶人,站长、副站长、车站办公室主任全部跑出来道歉,都不行。"你凭什么说我逃票,这叫侮辱我!"可是检票员也很辛苦呀,说:"我工作很认真呀。你说我错在哪里了?这领导还要训我。"想不通。

可是我换个火车站以后一看那个检票员,笑容真像元宝一样,一看就招财招贵,跟别人不一样。同样看到一个大姐领着孩子走过来,这位检票员微笑着跟她说:"哎呀大姐,恭喜你,恭喜你。"这位大姐也给她回了一个元宝脸,说:"谢谢,谢谢!你认识我?""不认识。""那你恭喜我什么呀？""恭喜您，您孩子又长高了，需要补半票。"你看，同样的一个道理，我们为什么不好说，非要指责人家，尖酸刻薄地说话。这位大姐说："对不起啊，我马上去补。"你看，遇到这样的员工谁不高兴？

所以，从今天开始起，管好我们的嘴巴，不要再说有杀伤力、挑是非恶行的言语。好不好？（观众答：好！）太好了。让我们的嘴巴变成招财嘴。

会说的人才有带团队的精神，才具备领导人和企业家的风范。所以团队的"团"怎么写？四方框一个才，口才。话有"三说"，巧说为妙。你看同样的一件事情，都是为了工作，这个一说领导都出来道歉，那个一说把票补了，钱进了单位的账上。何乐而不为呢？

学传统文化学什么呢？传统文化生活化，传统文化工作化，让我们更好地适应工作，更好地适应生活，让所有人感觉到我们身上的传统文化气息，让他们感觉到幸福和快乐。我去超市，看到这个超市有一个店训："顾客永远是上帝，顾客要是错了，顾客还是上帝。"怪不得生意那么好。是不是？对上帝怎么办？恭敬啊！你有没有真正对人家像上帝一样。这个非常了不得。

做个有福人

我们学习传统文化不要光看文字,还要落实。就像我们这个酒店一样,所有的服务员见到旅客都给他们来个九十度鞠躬。有人就好奇了,问:"你为什么给我鞠躬啊?""我是尊敬你。我们的企业是传统文化企业,礼仪企业。"你看,正好把企业宣传了。客人因为这个鞠躬就把这个酒店记住了,他下次还来。你看,很简单。我们用自己的德能,用自己的行为留下了客户,而不是用我们的手段啊。学传统文化的人,他的与众不同,处处都能体现出来。我们和周围人可以同流,但是不要合污。

我们公司一直有很多应酬,我吃素,有的客户就会问:"你是不是有啥宗教信仰啊?怎么吃素?"一有偏见,这一单生意可能就黄了。我就给人家讲了:"我是绿色基金会的爱心公益大使,提倡低碳,绿色,保护动物。"这样所表现的就不同了。我们要善巧,善是为他人,巧是巧妙地达到我们的目的,来帮助他。不能强行啊!我们很多学传统文化的人,喜欢强行把人家控制住,"你要背《弟子规》啊!你要背《孝经》啊!你要怎么怎么样。"对方要上点年纪,没记忆力了,你还把人家逼得跳楼呢!所以我们一定要懂得,管好我们的嘴巴。管好嘴巴,善言,这叫财神临身。

微笑,喜神临身;管好耳朵、眼睛,听圣贤之言,看正能量的东西,福神临身;管好嘴巴,财神临身。所以学习传统文化的落实从眼睛开始,从耳朵开始,从嘴巴开始。我们身上的任何一个器官，配合我们的天性，都可以把我们自己变成五福之人。就这么简单。

行为端正——贵神临身

第四个，从行为开始，贵神临身。

我们既然眼睛看到了，耳朵听到了，嘴也能讲了，下来第四个最关键的就是我们如何去做。行为的端正能招贵，招贵人。我给大家讲的方法，不用要求别人，只要求自己就行了。要求你的眼睛，要求你的耳朵，要求你的嘴巴，要求你的行为。没有长篇大论，没有让你背《弟子规》，也没有让你背《孝经》，你只要把我讲的这五种方法在你的身上一落实，你的家庭就受感染。不落实，就是学死了。我们要明白这个道理。行为非常重要，行为能体现你这个人的修养、德行，能体现你这个人的气质。

我们单位招聘了一个博士生，上了一天班就被开除了。为什么开除呢？我们公司有保洁员阿姨在拖地，去上厕所的时间，这个拖把没放好，横在了过道。这个博士生刚好路过，你动手也是动，动脚也是动，为啥不动手，非要动脚呢？你动一下手，把它扶起来放在边上，又显得你很有修养，又表示你对保洁员的尊敬。他倒好，一脚把拖把踢到了墙边。正好董事长在后面看见，第二天开会，宣布开除。他到走都不知道为啥没要他。我问我们董事长，我这文盲都留下用了，怎么博士生你让他走了？我们老板就把这个经过讲了，之后又跟我说："你知不知道你为什么能被招进来？"我说："我不知道。"他说："当时总经理在招聘的时候，很多人都拿着什么毕业证书、简历，急着给总经理。别人给的时候，就你在边上。有些人喝矿泉水，瓶往垃圾桶那一扔，没扔进去也不捡。你跑过去，捡起来扔了进去。就这个动作把你录取了。"我才知道，这一弯腰，一个小小的行为就捡了一个工作。

我还看到书本上讲的一个故事，说一个企业家引进外资要合作做事情，因为吐了一口痰，拿脚蹭了两下，事情就黄了。你看这一随地吐痰，全完了。傻呀，是不是？你走两步吐到垃圾桶里多好。所以我们就明白古人讲的"千里之堤毁于蝼蚁之穴"，就是这个道理。

讲到这个地方，我自己还有一个笑话。我先问大家两个问题，各位好朋友你们是中国人吗？（观众答：是！）我再问大家一个问题，各位好朋友你们爱国吗？（观众答：爱国！）好。随地扔过垃圾的请举手。勇敢一点，扔就扔了嘛，不管什么时间扔了，你只要扔了就举手。

（很多观众举了手。）不少啊。我给大家讲我的这个事情。我在单位上班两年了，一直比较忙碌，没去过公园。有一个部门经理邀请我去北京的朝阳公园玩，是在夏天，比较热，他就去买了一个冰淇淋来。这个冰淇淋的样子像个火炬，外面包装上画着娃娃，挺漂亮的。因为我是在农村长大的，没见过冰淇淋，也没吃过，不知道冰淇淋是什么。他拿来的时候我就说了："我都二十多岁了，不需要玩具。"他说："这是冰淇淋。"我说："冰淇淋是干什么的？"他说："不会吧？"我说："真不知道。"他给我讲，冰淇淋是奶油做的，特别甜，拨开包装纸就把那个包装纸扔在地上。我当时也问他两个问题，我说："你是中国人吗？""是。"我说："你爱国吗？""爱。"我说："我看你不爱国。"他说："为啥？""随地扔垃圾，践踏自己的国土，你说你是爱国吗？你还是中国人吗？"很多有信仰的人问我，说："秦老师，什么叫大善？"我说："扔垃圾是大恶，捡垃圾就是大善。"他们说："为什么呀？"我说："你想想，你一扔垃圾，外国人看见中国人不爱国，全中国十三亿人的脸都让你丢国外去了。你说你造了多大的恶。"他们说:"有道理。""你要是捡垃圾,外国人一看,中国人爱国,给你竖大拇指呀。"这个言语不是危言耸听啊。去年我看到新闻,在宁波,有外国人随地扔垃圾,中国人说:"你不能随地扔。"外国人就跟中国人说了:"你们中国人都这样。"多丢人呀!我们是文明古国啊。

各位好朋友,从今天开始起,我们不随地扔垃圾好不好?(观众答:好!)太好了。那我们再想扔垃圾,扔到我们自己家床上好不好?(观众答:不好!)我们想一想为什么?一个城市代表这个城市人民的脸,你们家床上你都不舍得扔,你能往人家脸上扔吗?是不是?爱国从不扔垃圾开始,爱国从捡垃圾开始。

所以第四个就是端正的行为,这个太了不得了。在为人处世的过程中,我们的行为非常非常重要。行为端正,贵神临身,就会招贵。我们要把自己高贵的形象树立起来。如果我们经常遇小人,经常遇到麻烦,这是因为我们自己尽做小人之事,没有做贵人之事。所以常给自己一个微笑,把自己端庄的形象树立起来,这样就会非常了不得。

我们的眼睛,我们的耳朵,我们的嘴巴,我们的行为,如果全能管理好,在人生道路上你就发财了,还长寿。为什么这么说?我记得有一次跟我们老板聊天,老板说:"现在这个世界上有四种文盲。"我当时听了心里很悲哀,以为老板把我叫去想开除我,又不好直说,让我自动辞职。他说:"第一种文盲不认识字。"我一想,我是没文化,让我辞职就辞职嘛,还要把我数落数落。他又说了:"第二种文盲是不懂英语,第三种文盲就是不懂网络。"我不懂英语,也不会网络,连个微信升级都不会弄,只会接发。老板最后说了:"第四种文盲是不懂人际关系。"一说第四个我才明白,没事,还挺好。为啥?我这眼睛就是招人的,耳朵就是学习充电的,嘴巴就是聚人气的。看来我对人际关系最懂啊。我们老板说了一句话:"前三个文盲没关系,你只要懂人际关系,人脉大于财脉。你可以请英语专家,本科生,可以请网络专家。"所以我们学习圣贤教诲学什么呢?就是让我们自己适应社会。学了圣贤教诲,不能死板地只会站在那个地方,不能服务社会。我们学传统文化的人,要给大众做好模范。别人付出一百分,你要付出二百分来。别人听圣贤教诲听一百分,你听二百分。这叫耳朵模范。别人孝顺父母一百分,你孝顺二百分。这叫孝敬模范。我们处处要给大众当好模范,这样才没白学。那不是你背几句《弟子规》《三字经》《论语》的事情。真的是这样。我们不明白不懂得,所以我们苦啊。

做个有福人

学习了圣贤教诲以后,我们就知道儒学的"儒"是什么意思,单人旁一个需要的需,你只要是人,就需要。儒家学说真正对人类的贡献,就是解决了人与人之间如何相处。如果你学完了以后,不能和妻子相处好,不能和丈夫相处好,不能和孩子相处好,不能和员工相处好,不能和领导相处好,请问你学的是什么?从昨天到今天,我给大家讲课不用《弟子规》的内容,不用《论语》的内容,不用"之乎者也"的内容,用大白话,大实话,就怕大家死在文字里面。我讲的全部都是运用咱们自己身上拥有的东西。你如果能把你的眼睛、耳朵、嘴巴全都指挥起来,你就变成了一个活学活用的人。圣贤就是这样的人,他们的文化之所以传几千年不败,就是因为他们能帮助人类更幸福。所有的文化,所有的宗教,要是不能使人类幸福的话,那这种文化就不会长久流传。我们要懂得,要明白。所以,行为端正很重要,这叫贵神。自己是自己的贵神啊!

心存感恩——寿神临身

第五个是什么?感恩心。这是仁者寿。我经常说,珍惜才能拥有,感恩才能天长地久。我们要珍惜当下的幸福,珍惜你的太太,珍惜你的孩子,珍惜你的父母,珍惜朋友,珍惜我们现在的这个工作,珍惜我们这种环境。我们要感恩国家，感恩党，感恩人民解放军。为什么我要感恩？我们能坐在这个地方听课，如果没有我们伟大的共产党，没有我们人民解放军守卫边疆，请问你如何能坐到这个地方？我碰到我们国家的一个将军讲，他去过叙利亚、利比亚维和，说那里的民众逃生都来不及，吃都吃不饱，哪有时间坐着听课？他回来以后就感叹地说："我出生在中国，生活在中国，我太幸福了。"

幸福如何落实？别人给你鞠躬，你也鞠个躬，这叫回礼呀。别人给你个微笑，你也给对方一个微笑。这叫五福交汇。我看到一个医学报道上讲，常起善心的人长寿。所以，常存感恩心的人，仁者寿。

眼睛微笑是喜，耳朵听圣贤教诲是福，嘴巴善言是财，行为端正是贵，心存感恩仁者寿。喜福财贵寿，这叫五福临身啊！我们想一想，你把自己变成五福之人，你到任何地方，怎么能遇到五恶之人呢？怎么能遇到小人呢？又怎么能诸事不顺呢？所以我从学传统文化到今天，没有不顺过，都是心想事成。

一个西安朋友到北京看我，那天中午我给他讲："我要帮助五百位特困学生上学。"他说："有钱吗？"我说：

没钱。"他说："没钱你怎么说这话？"我说："没事，没钱想办法。"我中午说的，下午来了一个朋友，临走时跟我说："秦老师，你给我找几百位特困学生吧。我捐一笔钱做慈善。"我那朋友吓一跳。所以在很多地方签售书的时候，我最爱写的一句话就是"仁者天佑"。你起这种念，是为自己还是为他人？你为人人，人人为你。

毛泽东主席非常伟大，他提出把"为人民服务"作为中国共产党的根本宗旨，共产党人的最高行动标准。"为人民"里面就包括了"为他人"，这样大的心量了不得。我们要感恩。

想一想，我们的国家领导人，他们为了全中国十几亿人操劳奔波，太不容易了。他们是最值得我们尊敬的长者。要感恩啊！我们别说治国，我们齐好了家，给国家不添乱，就是最好的爱国。我们把自己的子女培养成对社会对国家有用的人才，就是对国家最大的贡献。

讲到这个地方，我想起一个故事。有一个年轻人对自己的人生道路非常迷茫。有一次，他走进了一座茫茫大山。天色渐渐晚去，他却找不到出去的道路了。他非常恐慌，非常着急。这个时候他忽然听到一位老者的声音，老者说："年轻人，你抓一把地上的石子，它对你是有用的。"年轻人不以为然，继续向前走。老者不断重复着同样一句话,甚至哀求地跟年轻人讲:"年轻人,你抓一把地上的石子吧,它真的对你是有用的。"年轻人心不甘情不愿地在地上抓了一把石子。这时,他心里突然变得比较踏实了,好像有了方向,很快顺利地走出了大山。当黎明来临时,他迫不及待地想看看手里抓的是什么,当他伸开手一看,黄金啊!他立马就后悔了,可当他回过头,再朝茫茫的大山看的时候,已经找不到回去的路了。

各位好朋友,我们就像这个故事的年轻人一样,处在迷茫中。我们中华上下五千年的文化,何尝不像一座宝山,一座金山啊。既然我们今天已经遇到了,那我们一定要紧紧地抓住不要放手。我们既然入得宝山,又怎么能空手而归呢?真的是这样。

我们想一想,我们的孔老夫子、孟老夫子,何尝不像这位老者一样,不断努力把传统文化保存起来,为我们留下了传统文化的瑰宝。我们的父母何尝不像这个老者,不断重复让我们好好学习,未来才能立足于社会,服务于国家。我们的老师何尝不是含辛茹苦的,他们帮助我们认识社会，引导我们学习知识。我们想一想，当寒暑假我们领着孩子旅游去时，老师可能还在备下一学期的课。当我们晚上九十点钟睡觉了，老师可能还在批改作业。我们的传统文化包含两方面，一个就是孝亲，第二个就是尊师。古时候讲父母去世，子女要守孝三年；老师去世，弟子要心丧三年。

我听到过这样一个故事。上海师范大学毕业的一个老师，到四川的山区支教，一待就是三十多年。前十年的时间他觉得太苦了，就三间教室，一到六年级混合在一个班里，只有三十多名学生。每到晚上他都很想念上海的霓虹灯，想念上海的现代化生活。他不想把自己的青春浪费在这个山区，于是狠下心要离开这里。有一天黎明来临之前，他悄悄背着行囊准备离开。他走到学校对面的大山上时，回头看了看待过的学校。这时他才发现，自己教的那三十多名学生正连跌带跑地往这边跑来，边跑边喊："老师，你等等我们，我们需要你！老师，你不要走，我们需要你！"还唱着他所教的歌谣。这个时候他突然意识到，孩子们可能不是他的唯一，可是他是孩子的唯一啊！想到孩子们求知的眼神和学习时的刻苦精神，他毅然决定回到大山。多年后在人民大会堂，这位教师被颁发了优秀人民教师证书。三十年前一个只有

第六讲 知行合一，五福临身

三十多名学生的学校，现在已经被建成了大型的学校，周边地区的孩子都有了学习的环境。但不幸的是，最后这位教师得了癌症，躺在了病床上。他教的这些学生一个不差都来给老师捐款，有的五毛一块，有的五块十块。大家不要认为他们捐得很少，这五块十块可能就是一个孩子一个礼拜的生活费。老师被学生们感动了，在病重期间还坚持来到学校给学生们上了最后一堂课，激励学生要为中华崛起而读书。他说："同学们，我在这里支教几十年，没有对父母尽到孝。我有一个愿望，在我去世后，我的骨灰可以分为两份，一份埋在我的老家，去陪伴我的父母，完成我尽孝的心意；另一份就埋在学校对面的大山上，我要看着同学们成长、成才，今后为社会国家做贡献。"就是这样，这位人民教师上了他人生的最后一堂课。

南京也有一位老师，五十多岁了，再有几年就退休了，该享福了。有一次他带着同学们去一个教育基地，对面忽然来了一辆大卡车，这位人民教师一把将六位同学推到安全的地方，自己却被卡车撞飞了。市长、教育局局长要求不惜一切代价抢救这位老师，但不幸的是，这位人民教师还是走了。在这位老师走的那一天，南京市区出现了类似十里长街送总理那样的景象。

还有东北的张丽莉老师，在一次交通事故中为救学生而身受重伤，双腿截肢。

各位好朋友，教师也有子女，也有父母啊。他们在人民教师这个岗位上，为我们的孩子付出太多了。可是我们回报给老师的又是什么呢？

人民教师，是要付出一生辛苦的岗位。当我们抱怨老师、埋怨老师，甚至要去告老师的时候，我们拍着自己的良心想一想，老师为我们的孩子付出了多少？孩子眼睛一睁就到学校，有些孩子住校，此时的老师又当老师，又当父母。有些家长无非就花了点钱而已，还有些家长根本意识不到自己作为父母的过失在哪里，孩子一有问题就去指责攻击老师。

孝亲尊师，要在我们学习传统文化的人当中推行开。我不知道大家还记不记得你过去的班主任？有时间的话，除了看自己的父母，也要去看望看望我们过去的老师。因为学习圣贤教诲是践行的工作，不是卖嘴的工作。幸福的人生在哪里？在我们自身，用我们的行为去体现，让更多的人能感觉到学习圣贤教诲与众不同。

落实传统文化，落实一辈子都落实不完。大道至简。幸福人生的课，我们要听一辈子，学一辈子，落实一辈子，你才真正是圣贤的子孙。我们是中华儿女，我们要让中华文化在全球传播，让中华文化服务全球，让全世界的人以有中华文化而骄傲。好不好？再一次感恩大家用心地聆听！谢谢大家！

附录
问答部分

做个有福人

如何教育引导孩子

观众：秦老师好，我有一个二十一岁的女儿，她现在在读大二。我学习传统文化做志愿者已经有四年的时间，但是有一件事情我很纠结。我希望我的孩子有时候也像我一样来亲近这些善知识，学习这些传统文化，把这些理念带到她以后的生活当中。她是学幼教的。但是我觉得这个很难。她来学习时进入得很快，但是回去以后也反复得很快。现在都是在这种波动当中。

秦老师：您提的这个问题是有普遍性的。为什么很多做父母的学了传统文化，不能引导孩子来进入？原因在于父母神经质，就是说你会把你认为好的东西强行加到孩子身上。这个观念是错误的。我记得我回答过很多朋友类似的问题，我说实际你的孩子是善良的，怕你走火入魔。原因在这个地方。孩子看你好像神神叨叨的，一会儿这样，一会儿那样，把孩子吓得不敢去落实。我经常讲，传统文化要生活化。大家有没有发现，我从早上到现在讲课的时候没有用一句《弟子规》的内容，也没有用一句《论语》的内容，全是用生活中比较白话的东西和大家交流。传统文化真正的目的和作用，就是让我们生活更幸福，家庭更和谐。

如果你因为学了这个以后，反而跟女儿之间有了矛盾，让女儿有了意见，是我们没做好，不是孩子没做好，是我们在落实传统文化的过程中，没有把它生活化。你看我讲的五种方法，很简单。你要做好人，好人就要经常微笑，听圣贤教诲，不说是非，不要在家里经常叨叨不停。孩子你是要领她，而不是管她。管她她会有逆反心理，就像皮球一样，越拍它越反弹。

我碰到一个女士学完传统文化以后，每天给她的婆婆煮一个荷包鸡蛋，坚持了几年，从来没要求过她女儿做什么。她女儿上学特别叛逆，她老觉得她女儿没有变化，可是她也没有说。这就是我经常给大家讲的，我们要学会闭嘴。她有一次要出差，出去七天。她不敢跟女儿说"你给你奶奶做荷包蛋"，但是谁知道回来以后她婆婆跟她讲："我孙女做的荷包蛋比你做的还好吃。"为什么呀？上所行下所效。教育的"教"字，先写孝，后写文。我们只管去做，就像撒下种子一样，种子遇到了水、土壤，它自然就会发芽。你把这个种子扔到桌面上，没有水，它能发芽吗？

你在引导孩子学传统文化的过程中，实际是方式错了。你特别急迫地想要她进来，这个观念是错误的。再加上她在上大学，她学了传统文化，但大学里的所有人都没学。孩子也有自卑心理，怕格格不入，不能适应大学的环境。所以我们学传统文化,不能死板,要活用。活用,这个很关键。"活"字怎么写?三点水,右边是舌头的舌。这三点水代表的是三个方面。第一,我们学了以后干什么呀?要活用于社会。第二,活用在我们的生活范围内。第三,活用在家庭。在四年学习传统文化的过程中,你没有办法把传统文化的东西落实在家庭、周边的环境和社会中。这样往往导致很多学传统文化的人被他人看作另类。

大家有没有注意,我在我们单位的时候从来不鞠躬,只有在传统文化的圈子才鞠躬。为什么?我认识一位老部长,曾给他鞠了一个躬。老部长说:"你怎么给我鞠躬啊?"他被吓一跳。我才知道要握手。所以我们有时候要变通啊,在不同的场所,要变通地去落实传统文化。

所以传统文化一定要生活化。真的是你错了。我希望你今天能把我这堂课落实在你的言行举止之中,不要再教育孩子,要学会自己先去落实,感染孩子,影响孩子。你也不要刻意,一刻意就有问题了。像我的两个儿子,我从来没有刻意影响过他。我给我爸妈磕头,我给岳父岳母磕头。我的老大呢,我太太过生日,不用说他主动就给他妈妈磕头。我从来没说过,更从来没劝过我爸妈学传统文化,从来没有劝过岳父岳母学传统文化,也没有劝过我的太太,可是人家做得都比我好。为什么?

人家是镜子呀。

有时候我们学了以后就死在这个文字上面了，也死在了这个理上。这个是你错了，孩子绝对没错。其实你们家孩子很善良的，是不是？

观众：是。

秦老师：对呀，反而你不善良，太急躁了，跟你孩子好好学吧。很多家庭都会碰到这种现象。我跟你一样，过去要求我儿子背《弟子规》，背《三字经》，背《孝经》，把我儿子逼得正常作业都做不了。所以我一想，不能这么做了，再逼儿子就给逼疯了，跑了。我改变之后，儿子反而不用我说了。孩子要引导，而不是控制、管教。

观众：谢谢老师。

观众：秦老师您好，我是单亲家庭，有一个十四岁的女儿，现在都不上学，整天躲在家里面玩电脑。您说我怎么办呢？

秦老师：这个问题呢，你需要自己改正。我想问你两个问题。孩子厌学问题一般是两个原因。第一就是你对孩子忽冷忽热，爱孩子的时候爱死了，恨孩子的时候恨死了。实际上是不是这个现象？

观众：对。

秦老师：爱她爱到恨不得天下所有好东西都给她。可是你打孩子时候下手还是很毒的。是不是？

观众：以前打，现在不打了。

秦老师：你要是还敢打，打得她要自杀啊！在小的时候，孩子已经很可怜了。在单亲的家庭，作为母亲，要做之君，发现她的缺点，立即纠正。可是要"柔和语"啊！要做之师，以身示范。又要做之亲，因为父母是孩子最至亲的人。是这个原因，所以你要彻底地改正自己的性格脾气。你有没有发现你的孩子特别像你啊？

观众：我是有点暴。

秦老师：对啊，你是这样，你还问我。自己和的面，自己剁的馅，自己包出来的包子还问我是什么面、什么馅呢。你说可笑不？你彻底改，你孩子不就改了嘛！上所行，下所效。我们自身这个树根弯了，孩子就弯了。这是第一种原因。

第二种原因，就是胎教，我刚才在讲女子的"三从四德"，没给大家讲完。第二个原因就是你在怀这个孩子的时候，眼不能慈眉善目，行为不能端正，心不能起感恩心，嘴说话也尖酸刻薄，所以导致孩子在胎里就受到五毒伤害。这样孩子长大以后就容易反击父母，不听父母的话。你是不是也经常不听你爸你妈的话？

人生的幸福我一直在讲，不管你的企业也好，你的家亲眷属也好，所有的幸福就是我开始给大家讲的，都是从改变自己开始。通过改变自己释放出来的正能量，才能影响一个企业，影响到一个家庭，影响到一个社会。所以孔老夫子也好，老子也好，古圣先贤都是要求我们自己落实，感染影响大家。在网上搜我名字就可以搜到我很多著作，能解答的问题特别多。

观众： 尊敬的秦老师，您好。我有一个问题，是替我女儿班上的几个孩子来问的。我们当地政府招商引资支持的一些企业非常地污染环境，我女儿班上的几个女孩子联合起来说要给县长写信，建议把有污染的企业请出去。她们向班主任反映了，班主任可能没有给她们一个正确的引导方式。我也开导她，但是她还是很纠结。她就觉得虽然她年纪小，但是当地的环境跟她有关系。我开导不了她，想请秦老师指点。

秦老师： 我觉得孩子有这个心是对的。你可以通过当地的政协委员和人大代表给政府和有关部门写提案和议案。你要给孩子讲，她有这个心是非常好的，家长是非常认可的。可是我们要用正确的方式去处理这个问题，而不要把这个事情矛盾化，也不要强行地打压孩子。你可以告诉孩子，她想给县长写信也可以，但我觉得最好的方式是通过地方的政协委员和人大代表，像环保和相关的管理部门就会给她们一个满意的答复。他们都是代表民众心声的，可以通过他们来诉求，这样效果会更好一些。对孩子你还是要以鼓励为主，鼓励的过程中说明利害。告诉她现在既然看到了这种现象，那就要努力地学习。

观众： 秦老师您好，我想请教您两个问题。第一个问题是我现在面临两桩工作的抉择，我一直徘徊，下不了决心该丢哪一份，该做哪一份。第二个问题是我女儿十岁了，今天我来听课的时候，她一再说："妈妈，你今天去了一定要问问老师到底我考得上清华北大吗？"我不知道怎么回答她，所以请教老师。谢谢。

秦老师： 你要让我讲的话，第一个问题，你任意抉择就行。可以参考三个方面：第一，工作不光是工作，还是为了养家。第二，要非常喜欢这个工作环境。第三，你确实有能力胜任这个工作。你以这些来判断。

至于孩子的问题，我经常讲，人这一生，心想事成，自作自受。孩子哪怕有指甲盖这么大的优点，我们都要夸大，不断鼓励他们。孩子让你问我，你就告诉她，秦老师说，你绝对能考上清华北大。关键考上清华北大，你的用心是什么？你是要为国家当栋梁，还是为清华北大的名气，为自己有一个好工作，生活得更好？要为第一个，我要告诉她，绝对能考上；要为后两者的话，我告诉她考不上。

观众：您好，尊敬的秦老师。我想请教一个问题，我有一个十岁的女孩，人很聪明，她也断断续续地学《弟子规》。因为没有找到很适合的学校专门学传统文化，所以是断断续续地在学。但是最近我发现孩子嗔心特别重，不管任何人对她提出意见或者是给她建议，她都会马上有很反感的那种眼神，甚至有时候是马上转过身去，也不知道她在说些什么，反正就是很不服气的那个样子。我想了很久也找不到很好的方法，怎么来处理这个问题？

秦老师：十岁的孩子好可怜，被你们逼疯了。你想让她专门去学传统文化，是不是？正常上学嘛！学校有的就学一点就可以了。首先让她有一个正常的童年生活。你不让人家过童年，强行用你的思想控制她，那怎么行？我在之前一次讲课时问很多家长，我说："谁愿意让自己的孩子百事百顺都听自己的话？"所有的家长都举手。我说："请问，谁愿意让自己的孩子有独立的思想，有独特的人格魅力，未来能做自己喜欢的事情？"很多人都举手。我说："自己抽自己耳瓜吧。"又让孩子好好学习，啥都听我们的，又要让孩子有自己独立的思想，能做成大事。这不胡说嘛，是不是？所以在学习传统文化的过程中，我就在讲，传统文化要现代化，要生活化，不要学死板了。一个十岁的孩子，你让她又背这又背那的。你十岁时候要是这样的话，你可能也这样。这样已经把孩子逼得都怨恨大人了。《弟子规》越学越不好，这是我们大人的问题。我劝你把孩子送到正规学校，人家有《弟子规》了，就学一学，当一个课外教材学习。不要一心要把孩子培养成女圣人。首先你要成为圣人的母亲，你才能培养出圣人的子女。你都不是圣人的母亲，你怎么能把子女培养成圣人？所以自己先落实，把自己变成说话像圣人，做事像圣人，存心像圣人，让自己的身上处处体现出圣人的味道，那你的孩子不用教，自然就会受到你的感染。好，你这个问题我就回答到这里。

夫妻相处之道

观众：秦老师您好，我就有一个问题，我每次听到我爱人的声音我就会发抖，发冷。不知道是什么原因？

秦老师：这个原因我只能这么说，你不爱他。是不是？你们分房多长时间了？

观众：七年多。

秦老师：对啊，你分了那么长时间，感情再浓厚一点都会变成淡水流掉了，所以赶快同床。学传统文化就是学容人之缺点，学容人之量啊！要是学了以后都把丈夫推到床边去了,都分床而住了,谁还敢学传统文化呀?这堂夫妻课,你听了以后赶快回家落实。因为分床,所以你才会产生这种现象。打个比方,我们看见一只狗,不是自己养的,就会非常害怕它。如果你养着这只小狗,经常抱它喂它,就会感到很亲切,不会害怕它。所以久则生情,远则情淡呀。不要分床,把这个习惯改掉,就好了。

观众:尊敬的秦老师,我想请教您,帮我看看我的夫妻关系。

秦老师:你听过我的课吗?

观众:我学传统文化已经两年了,也改了很多,但是还是没调过去。

秦老师:你老认为你改了,他没改,所以天天生气啊。是不是这个原因?

观众:现在也不生气,只是觉得好像自己没有能量。

秦老师:没能量的原因是你没有真正把传统文化落实在自己身上。你丈夫没有被你感动。你要彻底地去改啊!你如何感动对方,这个也是非常重要的。要不我说

做个有福人

这个世界上最厉害的武器不是核子弹，而是感动。这还是你在学习传统文化的过程中，没有真正把它融入到夫妻或者生活中去。你要看他像什么呀？看他像圣人一样，看他像贤人一样。他所有的缺点你能包容，他所有的过错你能理解，你还能帮助他改正，而不是厌烦，而不是生气。你这样落实就好了。要是学了两年的传统文化，脾气改了点，等于汤倒了，药没换，病根还在，要把药也倒掉，彻底地改变自己。不然你老公不知道你卖的是啥药，这样就有问题了。所以彻底改，药倒掉了就好了。这个问题就回答到这里。

观众：老师，我想问一个问题，我年龄很大了，40岁了，没有孩子。您认为我还能有孩子吗？

秦老师：这个事情啊，我刚才在讲，女子要"三从四德"。孩子的这个情况，要让我讲的话，第一个是身体的原因，你自己就要看医生，去查你的输卵管。你去查过吗？

观众：查过。

秦老师：是不是输卵管不通啊？

观众：不是。

秦老师：那是什么原因呢？

观众：也不是特别记得，两个人就是有点不是特别稳定吧，各个方面的。

秦老师： 那你既然学习传统文化，夫妻关系就要处理好。如果不是身体的问题，就要看你们夫妻如何相处。到底有没有孩子主要是身体的问题，正常情况结婚都能有孩子。

观众： 谢谢老师。

如何处理内心的矛盾

观众： 秦老师您好，我有一个问题想请教您。我家住在一楼，一楼的前面种了小区的樟树。现在这个樟树得有五棵，长得老高了。我想把这个樟树顶砍掉，因为有点挡光了。但是楼上的邻居又希望树长高一点，他们又有阳光，又有绿色。我本来是可以修的，但是一犹豫树就越长越高了，到了冬天底下很阴，我不知道怎么处理。

秦老师： 这个问题，我劝你不要砍它。为什么？因为绿化树木属于公共所有。你随便砍它干什么呀？

观众： 主要是去尖。

秦老师： 树无尖不生，人无头不活。不要随便砍伐树木，这个事情是不太好的。我经常讲，人心没阳，看什么都没阳。这是你心里面纠结产生的病导致的，你天天想着它不好。你天天要想什么啊？这树太好了，我一出门就看到绿色多好呀！你天天要想着它好嘛！你想好就好，你想坏就坏。这叫什么？心想事成。所以你别老想它不好嘛。千万不要起这个念，你起这个念时间长了就不好了。植物也有它生存的能力，我们不要因为阻挡了我们一点阳光就去破坏它。那你不想想它夏天帮你把阳光挡了，你多凉快啊，是不是？

观众：就是心里很纠结。

秦老师：这个不要再纠结了，也不要再考虑，坦然舒服一点。学传统文化的人，要忍人所不能忍，容人所不能容。忍则得福，容则得贵。

观众：谢谢秦老师。

观众：秦老师您好，我爸爸做了几十年的财务，因为老板要偷税漏税，那他就相当于帮了这个忙。我可以帮他做点什么呢？

秦老师：作为一个员工，受命于老板，老板在偷税漏税，你首先请你父亲给老板说明，这是违法的行为。老板要还执意这么做的话，作为员工有两种选择。一个是辞职，一个是为了保全工作，合法避税。在我们国家法律的条框内，合法地去避税，这个是合理的。要偷税漏税就犯法了。

我不知道你信什么，不要因为信佛啊，信什么宗教啊，就对父亲讲什么业力，什么因果。不要往工作里面牵扯这个。为什么呢？一言一行都有因果的。再加上一饮一啄莫非前定。既然这种现象出现了，也是老板背业，你爸爸也不会背业。只要你爸爸把这个事情跟老板说明了，不是他要求老板这么做，或者帮助老板这么做的，他只是完成本职工作而已。所以你没必要在这个事情上纠结。

观众：因为我爸爸没有学传统文化，也不知道这方面的原因。

秦老师：不用学嘛，就是不要违法就行了。他既然做财务，就知道如何合法避税。可以合法避税，不要偷税漏税。偷税漏税就犯法了，合法避税是在法律调控内的事情。现在明白了没有？不要把宗教，不要把很多信仰牵扯到工作里面去。工作就是工作。

我曾经遇到一个学佛的人，非常有问题。别人请他吃饭，点了一盘肉。他说这浪费了，可惜了，造业。怎么办呢？他吃一口，说一句"阿弥陀佛"，吃一口，说一句"阿弥陀佛"。他当时给我讲，我说："你看，你这造着业还把警察叫来说,'警察,我偷东西了。你来惩罚吧。'是不是?"我们不要这么愚痴啊!这种情况怎么办?打包,给乞丐就行了。是不是?不要把自己死扣在这里面。

我们很多时候不能把信仰跟工作融为一体。还有的人说,我工作没事,我就念佛吧。我说你这是浪费老板的时间,这是下阿鼻地狱啊!老板聘请你来,你怎么在工作时间念佛了?你要是公务员,你在工作的时间念佛,这也是造业。为什么?因为公务员是要服务一个地方的民众,你等于盗取了民众的时间在修行。这叫自私自利,这是有问题的。所以我们要分清楚,不要混为一谈。

传统文化要生活化。我们要简单化地修行,它完全是跟我们的生活相融的,没有一点相反或者抵触的地方。因为我们没有智慧,想不通,不明白,所以才产生了毛病。这是我们自身的毛病。因为这个事情,你觉得好像造了多大的业一样,起这个念头也不对。好,这个问题回答到这里。

如何提升智慧

观众:尊敬的秦老师您好,我想请问您一个问题,如何提升智慧?谢谢。

秦老师:提升智慧太简单了。眼睛的厚德就是慈眉善目,这就是眼睛的智慧。耳朵的厚德就是听圣贤教诲,不听是非,这是耳朵的智慧。嘴巴的厚德就是广传正能量的东西,说智慧之言,不传是非,这是嘴巴的智慧。行为的厚德就是端正，做事为人都要符合国法和伦理道德，这是行为的智慧。所以只要把我们的眼睛、耳朵、嘴巴、行为、存心，全部拉到正能量上面，利于国家，利于社会，这就叫智慧。

古人讲"大道至简"，非常简单。过去做的恶事，把它转成善事，这就是智慧。过去耳朵爱听是非，嘴巴爱嚼舌根，爱说是非，爱说尖酸刻薄之言，我们现在改变过来，境界一转，你的智慧就提升了。

如何保持健康，远离疾病

观众：尊敬的秦老师您好，我从小身体就不好，现在父母还有公公婆婆身体也不好，都是"三高"。我学了传统文化，还有佛教理念，我就想让他们都吃素，让他们把身体变好。在家里，我倒是能坚持，四位老人虽然听得进去，但是不能做到。请问四位老人的身体会不会很健康？

秦老师：要让我讲的话，你这个观念是错误的。老人随他们去，你提倡素食理念，要讲清原因，讲明白道理，不要强行让他们吃素。吃素与吃肉只是生活的不同习惯。你可以按素食的理论跟他们讲，让他们少肉多素，这样可以，不要一下子就控制他，否则大家会产生反感。

我是素食主义者，历来只吃素食，可是我从来不要求家人吃素。我家人很有意思，只有我走了家里才做肉。但这几年受我影响以后，不管我走不走，都不做肉了。所以说，善巧方便不能强行。不要在这个上面纠结。

中医讲生病有很多原因。我把病分为三种，第一种是行为不当病，就是我们行为不当导致的生理病。第二种是思想病，像精神病、抑郁症这一类的病。第三种是存心不善病，心恶导致的。

关于祭祖

观众： 尊敬的秦老师您好，我想请问祭祖的事情。半年前我看过您的碟子，从那之后，我带着孩子从过年之前到现在祭祖去过三次。以前粗心大意，每年只有清明才去，平时不怎么去。这次去了以后，我发现一个问题就是公公婆婆这边祖母的坟，离后面葬的那一家很近，我们都无法下跪。

秦老师： 那你可以在侧面跪，不要夹在两个坟中间跪。我们要常为他人着想才是世间最高等的学问。你可以在侧面，在边上跪就可以了。这个没事。

观众： 这个坟地一公里外是一条江，它有个分叉，会不会不好？我们祭祖的时候该怎么化解？

秦老师： 关于祭祖我讲了三堂课，还有补充，你可以在网上详细看，化解的方法全有。

观众：我家房子坐西朝东，住着公公婆婆和孩子，如果长辈住文昌位对身体健康方面会不会好？请指导一下。

秦老师：你在哪看了这么多文昌位啊，长辈啊？我怎么不知道？

观众：就是您碟子上面说孩子最好住文昌位。

秦老师：可是你完全误解了。我讲风水，核心只有四个内容。第一，孝亲祭祖是风水之源。第二，男人是风，女人是水，夫妻和谐是上等风水。第三，笑像元宝就会招财招贵。天天哭丧个脸，就会招阴招祸。第四，思人恩德想人好处，这就是聚光。光则上扬，福地福人居。要是天天抱怨人，嫉妒人，仇视人，这是聚阴，不是招病就是招祸。这是风水的四个核心内容，你理解了以后其他事情就全部都明白了。你怎么不看这四条呢，老看那没有的干啥？

观众：秦老师您好，我想请问您一下，我们家的祖坟过去有碑，一九五几年修水库被毁了。现在想立碑，又听老人说族里的人原来有碑的话，后人超过六十岁的很少。我想问问秦老师这个问题是怎么回事？

秦老师：这是谬论。因为人的寿命长短与我们的心性有关系，仁者寿也。你说的那个属于迷信的说法，只能说是碰巧出现了这种现象。你要非常想立碑的话，还是可以立。过去的碑能找到吗？

做个有福人

观众：已经找不到了。

秦老师：对啊，那你立新碑就行了。如果你立这个碑是为了光宗耀祖，扬祖宗之德的话，完全是可以立。没有必要听那个谬论。因为很多传言都是胡说八道的，是不可信的，包括人的生死寿命，种种的事情都有因果。不要因为这些事情，让你的内心产生疑惑或者恐惧。这个是没有必要的。为什么呢？我经常在讲，鬼比人善良。真的是这样。为什么呢？鬼伤人是有原因的，人害人是不择手段。所以我们大家不要冤枉我们看不见的那些东西。

我碰到一个老板告诉我："秦老师，我买一个墓地，风水特别好，我花了一千万。"他非要让我去，我也没见过一千万的墓地是什么样子，就去了。走在路上他就问我，他说："秦老师，你看过鬼没有？"我说："我见过。"他说："啊？鬼是什么样？"我说："鬼就是你这个样。"他说："怎么是我这个样呢？"我说："你活着是活鬼，死了是死鬼。净做鬼事，不做人事，你可能就是鬼。物以类聚，人以群分嘛，是不是？你看我们学习传统文化的，认识的全是学传统文化的。你是领导，认识的全是领导。"他说："为什么这么说呢？"我说："你想想，你爸在农村生活，你都不愿意花一千万奉养他，你却花一千万给他买墓地想他死了保佑你。你说你是不是做鬼事？"他说："秦老师，有道理，我明白了。我真是把我爸扔在农村都没管，我还想他死了埋个风水宝地保佑我。"所以这叫存鬼心，做鬼事，绝对是鬼人，活鬼闹事。这个问题正常去做就行，没事。

如何孝亲

观众：尊敬的秦老师您好，我有个问题可能比较特殊。我的母亲性格比较好强，年轻时候是一个女强人，我爸爸是一个三天不说两句话的人，在家里母亲一直比较压我的父亲。我很多时候比较替我父亲说话，我妈妈就不怎么高兴，我就觉得我自己是不是很不孝。我也用了很多种方式去改变他们的关系，当然也是有一点好转，但是最近有一个问题。我母亲一直以来都不喜欢我弟弟去对他的岳母好，比如我弟弟给他岳母钱，她就不高兴。其实我弟媳给我妈的比给她妈的还多，这是我知道的。我弟媳挺孝顺。反正我自己说点公道话，我妈那个人有点情绪化，她高兴的时候，都是好人，她不高兴的时候，都是坏人。我不知道这样说是不是也不孝。我弟弟是一个老板，我弟媳的弟弟、姐夫、姨夫都在帮我弟弟做事情，但是在我妈看来他们是在拿我弟弟的钱，觉得我弟弟帮了他们很多，怎么都看不顺眼。就因为这些，家里总是会吵架。后来我弟弟就不让父母跟他们一起住在昆明了。他把老家那边的房子都装修得非常好，让父母在老家安度晚年。我知道我妈妈特别想我弟弟，因为她很疼我弟弟，从小她都是，特别是我弟弟结婚以后，她就觉得是我弟媳抢走了我弟弟的那种感觉。她那种恋儿情结很严重。所以我现在就不知道到底是接她来，还是不接她来。我也跟我弟弟做过思想工作，我弟弟就说她来就是要吵架。

做个有福人

这个问题我觉得太复杂了，我不知道该怎么办了。

秦老师：实际并不复杂，你讲得复杂了。我这么跟你说，你并不了解你母亲。实际你母亲为了你的家庭付出得特别多。你说是不是？你父亲老好人嘛，什么都不管。你妈是家里家外什么心都要操。她是操惯心了，猛然闲下以后她不习惯，实际是这样。我经常在讲，孝分为五小孝、四大孝，其中有一孝就是养父母之精神。父母的精神要如何去养呢？你可以让父母去看一些传统文化的东西，包括引导父母有点信仰。有了精神依靠以后，她对你弟弟的这种依赖性就会逐渐减弱。

你母亲也是非常善良、非常明理的人，只是心疼儿子的方式不同。因为在亲情面前，人容易糊涂，不清楚。现在这种现象，也是你弟弟做得不对。为什么呢？既然你的母亲不太愿意，就应随顺母亲一些。我经常讲，生意要想做得比较大，比较兴旺，亲情不要参与。可以把钱借给家人，帮助他们另创业，没有必要非要让家人参与到这个团队里面来。你弟弟在处理这个关系时，可能和他岳父岳母这边的亲戚走得比较近，所以你妈妈产生了嫉妒心。父母这种现象也是正常的。所以这是你弟弟的智慧不够。

我经常说，当我们看到父母有过失的时候，实际是我们最大的缺德。你父亲是老好人，好得真的是啥事都不管了。母亲为你们这个家庭付出太多了，为你们姐弟付出太多了。所以在任何时候都不要言母亲之过，要看她之优。你跟你弟弟要柔和。《弟子规》上讲什么呀？"亲有过，谏使更，怡吾色，柔吾声。谏不入，悦复谏，号泣随，挞无怨。"你要去真正感动你母亲，让你弟弟也去感动。你弟弟暂时实在做不到，你就去做啊！不要对你妈妈急啊，看你急了比你妈妈还厉害，哪有你这样的女儿？是不是？女儿是妈妈的小棉袄，我看你像你妈妈的小刺猬。你要彻底改改啊！好，这个问题就回答到这里。

如何引入传统文化办学

观众：尊敬的秦老师，我想请教您一个问题，是关于我们学校以后道路发展的一个问题。我们学校推广传统文化三年了，应该说也取得了一些成绩。这段时间我也得到了好几位朋友的关心支持，重新粉刷了学校的围墙，画了二十四孝图，展现传统文化的内容。我们学校将来搞传统文化的道路应该怎么走？我想请教一下秦老师，请您帮我指点一下。

秦老师：您的学校属于民办还是国办？要是国办的话，第一，听从教育部门的领导，还是要以现在的教育体系为主；第二，把传统文化作为学校的思想品德课程加进去就可以了。可以经常召开家长会议，让家长配合老师落实传统文化。为什么呢？因为父母是孩子的第一任老师，上所行，下所效。孩子在学校这五天很乖，回到家里受到父母的恶习影响一定变坏。这个就需要家庭和学校共同配合。所以我觉得你要加强和学生家长的沟通。

学校围墙画二十四孝图，我提个建议，古时候的二十四孝有神话，很多人认为不可信。你可以用一些现代孝感天的例子，这样更能有说服力。比如我们的王希海老师、王春来老师孝敬父母的例子。我们可以把这种故事展示出来，又能避免别人的攻击，又能让现在学生认可。

为什么我说传统文化一定要生活化？不管怎么样，如果是国办的学校，我的建议还是一定要听从教育部门的管理和引导，在准许的前提下，把传统文化作为学校课本的一部分去落实。这样比较好。一句话，就是让传统文化学生化，家长化，生活化，社会化。不要把它变得民俗化，也不要把它死板化。这样学生才会爱学，比较好。